中国人的

家训

李珺 著

中国文史出版社
CHINA CULTURAL AND HISTORICAL PRESS

图书在版编目（CIP）数据

中国人的家训 / 李瑁著 . -- 北京 ：中国文史出版
社，2025. 1. -- ISBN 978-7-5205-4993-6

Ⅰ . B823.1

中国国家版本馆 CIP 数据核字第 2024M82U65 号

责任编辑：张春霞

出版发行：中国文史出版社

社　　址：北京市海淀区西八里庄路 69 号院　　邮编：100142

电　　话：010-81136606　81136602　81136603（发行部）

传　　真：010-81136655

印　　装：北京科信印刷有限公司

经　　销：全国新华书店

开　　本：787mm×1092mm　1/16

印　　张：22

字　　数：219 千字

版　　次：2025 年 8 月北京第 1 版

印　　次：2025 年 8 月第 1 次印刷

定　　价：62.80 元

序

我幼年时，春联还是手写，一位老先生给人写春联时总喜欢写"忠厚传家久，诗书继世长"，我当时以为是寻常吉祥语，成年后回想，越来越觉得这两句话有深意。"忠厚"指的是道德修养，"诗书"指的是文化教育，一个家庭既注重道德修养又注重文化教育，就一定有较强的抗风险能力，一定比钩心斗角、刻薄冷漠、粗鲁无知的家庭更能"传家久""继世长"。

一个美好的时代，一定会注重制度建设，注重形成优良社会风气。家庭亦是如此，一个美好的家庭，也会注重制度建设，注重形成优良家风。

家训就是一个家庭的规章制度，是家庭成员的行为准则，是一个家庭形成优良家风的重要条件。

家训起源于何时已不可考，目前已知最早的家训是周公的《诫伯禽书》。伯禽是周公之长子。周武王死后，周公受命辅佐年幼的周成王，必须留在都城镐京，于是让伯禽代他到鲁国受封。

　　儿子即将成为一方诸侯，周公心里既有喜悦，也有担忧。儿子地位显赫，他身上的优缺点会被放大，他的不当言行或是人格上的瑕疵会造成不可挽回的不良后果。在儿子临行之前，周公把儿子唤到跟前，告诫儿子："君子不施其亲，不使大臣怨乎不以。故旧无大故则不弃也，无求备于一人。君子力如牛，不与牛争力；走如马，不与马争走；智如士，不与士争智。"

　　周公跟儿子说："君子不会怠慢他的亲族，不会让大臣怨恨没有被任用，不会无缘无故抛弃故旧，不对别人责备求全。他的力气和牛一样大，也不会与牛竞争谁的力气更大；他跑得和马一样快，也不会与马竞争谁跑得更快；他和士人一样聪明，也不会与士人竞争谁智力更高。"

　　周公又告诫儿子："德行广大而守以恭者，荣；土地博裕而守以俭者，安；禄位尊盛而守以卑者，贵；人众兵强而守以畏者，胜；聪明睿智而守以愚者，益；博文多记而守以浅者，广。去矣，其毋以鲁国骄士矣！"

　　周公又跟儿子说："君子德行广大却以谦恭自守，他就会得到更多荣耀；土地广阔富饶却生活节俭，他就会平安；地位尊贵却态度谦卑，他就会更高贵；兵强马壮却有敬畏之心，他就能取胜；聪明睿智却以愚者自居，他就会受益多多；博闻强记却以肤浅者自谦，他的见识就会更多。"最后，他勉励儿子："去吧，不要因为鲁国条件优越而对士人骄横。"

　　周公的这些家训是从古代文献中辑录出来的，体现的是周公的精神。周公一向注重制度建设，他制周礼，让上古的礼乐文化以制度的方式成为人们的行为准则，他对儿子的训诫，体现的也是周礼的精神。

周公意识到制度建设对国家的重要性，也意识到制度建设对一个家庭的重要性，他希望周王朝长治久安，也希望他的儿孙在鲁地立住脚跟。

最初的家训，是以口述、转述或是书信的形式，存在于当时或后世的文献或人物传记之中，很少独立成篇。生活于南北朝末年到隋朝初年的颜之推，是我国第一个创作家训之人，他写的《颜氏家训》是我国第一部专门创作的家训。

与后世的家训相比，《颜氏家训》的内容有些芜杂，有很多是颜之推本人的学术见解和对当时社会风气的记述，但它的重心是围绕提升文化教养和道德修养而作出指导，这几乎是所有家训的两个共同主题。

唐宋两代，家训著作逐渐多了起来，到了明清两代，其数量更是呈井喷式增长，很难统计到底出现了多少家训著作。

家训著作前少后多，与两个因素有关：一是书写材料的进步和受教育人群的增加；二是人们长期以来对名门望族的观察和经验教训的总结。

人们注意到，那些既注重文化教育又注重为人处世的人家，很多发展为名门望族，最有代表性的例子是琅琊王氏家族。

琅琊王氏是中国古代最有名望的家族之一，它形成于西汉时期，始祖王吉勤奋好学，精通"五经"，他的子孙也修习经书，成为两汉经学之家。王吉刚正不阿、清廉自律，深受人们敬重，给子孙树立了一个道德榜样。

魏晋时期，王吉的后人王祥以孝行闻名于天下，王祥临终前，给子孙们确立了"信、德、孝、悌、让"五字立身之本，这五字成为琅邪王氏家训的核心字眼。

王祥家训并无新意，其来源是儒家修身之术，但是王祥从儒家修身之术中选取最关键的字眼，以遗训的方式告诫儿孙，让他的儿孙节约了辨析成本，避免了因各人理解力不同造成的认知差距，有了一个简明而易执行的指导思想。

王祥高寿、有德行，是魏晋朝廷中的老臣，无论在家庭中还是在社会上，他都有着巨大的影响力，他的子孙对他的遗训很重视，在他去世后遵照他的遗训行事。在接下来的东晋和南朝，琅邪王氏迎来最鼎盛的时期，家族中人才辈出，成为唯一能与陈郡谢氏媲美的家族。至今我们仍可从"旧时王谢堂前燕，飞入寻常百姓家""王谢堂前双燕子，乌衣巷口曾相识"等诗句中感受王谢家族曾经的辉煌。

从唐宋开始，家训著作的数量越来越多，内容越来越详细，从精神指导转变为行为指导。有一些家训，比如《郑氏家范》，对日常生活的规定事无巨细。家训的制定者从方方面面考虑了可能出现的风险，力图把风险消灭于萌芽之前，这样可以让子孙不论贤愚，都有一个标准化执行手册。其缺点是很多规定过于详细严苛，只适用于社会裹足不前时，利于群体生存而不利于个体发展。

郑氏家族是一个人数庞大的家族，鼎盛时期，三千多人共同生活，面临着方方面面的问题，这是《郑氏家范》中的规定过于详细严苛的主要原因。

当然不是所有的家训都是一本指导和约束日常行为的小册子，很多家训还是以遗嘱、书信的方式出现，娓娓道来，温煦可亲，而不是板着脸教训。

本书挑选从古代到近现代有代表性的家训三十九篇，分为"勤俭""和睦""温厚""忠恕""慈爱""孝悌""慎独""清廉""明志""好学"十编，基本上涵盖了各个时代有代表性的家训名篇和有替代家训作用的书信文章。这样既可以看出家训的时代特征、个体特征，又能看出不论时代怎样变化，所有家训具有的共性。

以现在的眼光看，这些家训的有些内容是过时的，比如，很多家训强调"睦族"，这是因为对古人而言，宗族互助是他们生存的重要手段，危难动荡之时，团结协作、抱团取暖的宗族，比那些一盘散沙的家族更容易生存下来。

现代社会，服务业发达，社会化协作代替了原先的宗族互助，家庭越来越小型化，此时强调"睦族"已经没有意义。现代社会的节奏越来越快，船小好掉头，小型化的家庭更有利于跟上时代步伐。

虽然这些家训的某些内容陈旧过时，但总体来说，对我们还是很有启发性的。人性亘古未变，无论古人还是今人，都希望家庭安稳，希望子女有所成就。无论古代社会还是现代社会，家庭都是社会的基本单元，家齐则国安，如果家庭乱糟糟，社会也不会安定。

　　家训是与时代高度贴合的文字产品，古代家训基于小农经济条件下的生产方式和生活方式，在这种大背景下，人际关系的边界是模糊的。然而目光长远、见识卓越的家训制定者，仍然注重帮助家庭成员厘清个体与群体的关系、家庭与社会的关系，厘清个人的责任、权益与义务之间的对应关系，以及身份转变时，责任、权益与义务的转变，而不是仅仅单一地强调家庭成员的牺牲与奉献。

　　每个人不仅是一个独立个体，还是家庭的一员、社会的一分子，是人类生命链条上的一个环节。这种思想意识，在今天仍有积极意义。我们今天也注重人际关系，强调团结协作的重要性，只不过由宗族协作变成了社会协作，其群体协作的内核并未改变。

　　本书选取的这些家训，文学性与思想性兼备，既有助于我们理解古人的生命观与家庭观，又能给我们以思想启迪，帮助我们树立良好的家风与社会风气。

李瑁

2024.11.18

目　录

一 —— **勤俭**

㈣ —— **忠恕**

㈤ —— **慈爱**

⑧ —— 清廉

⑨ —— 明志

⑩ —— 好学

（一）

勤俭

由俭入奢易，由奢入俭难

——司马光《训俭示康》

一

司马光是北宋著名政治家、史学家、文学家，他二十岁入仕，为官四十余年，在宋哲宗时出任宰相，位极人臣。

提起司马光，我们就会想起那个"司马光砸缸"的故事。

传说司马光小时候跟一群小伙伴一起玩耍，一个小伙伴不慎掉入一口盛满水的大缸中。一起玩耍的小伙伴们被吓坏了，一窝蜂跑出去，呼喊大人们快来救人。

只有司马光沉着冷静，他从地上捡起一块石头，在缸上用力一砸，砸了一个大洞，水从大洞里流出来，缸里的小伙伴得救了。

"司马光砸缸"展示了司马光过人的机智，他的品行也很让人称道。

司马光与王安石在政治上是冤家对头，两个人总是唱对台戏，王安石主张变法，司马光反对变法。不过，政治是政治，生活是生活，王安石和司马光在生活中是朋友，他俩的生活理念高度一致，都一生俭朴，不近女色，丝毫不与当时的社会风气同流合污。

在很多人眼中，司马光和王安石是两个不合时宜的迂夫子。

司马光历仕北宋仁宗、英宗、神宗、哲宗四朝，此时北宋经济高度繁荣，从城里到乡下弥漫着奢侈享乐之风，大户人家亭台楼阁，小户人家别有洞天，东京、西京这样的繁华城市更是车马喧闹，酒楼瓦肆遍布，笙歌之声彻夜不绝。

司马光在两京工作、生活多年，他却与这股奢靡之风绝缘，他的生活俭朴得像个不得志的寒士。熙宁三年（1070），司马光离开都城开封，到洛阳居住，潜心编纂《资治通鉴》。他的房子低矮狭窄，冬冷夏热，尤其夏季酷热难当，无法提笔，他只好让人在书房地上挖了个洞，砌成一间简陋的地下室，每天在阴暗的地下室里点着灯写作。

状元出身的官员王拱辰也住在洛阳，他家的房子高大雄伟，中堂建屋三层，最上一层称"朝天阁"，堪称洛阳第一华宅。王拱辰的豪宅与司马光家潮湿的地下室形成鲜明对比，人们戏称"王家钻天，司马入地"。

有一次，司马光的好朋友范镇来拜访他，只见家徒四壁，床上的被子都破了，司马光也不舍得扔。范镇感叹不已，回家之后让妻子缝制了一条新被子送给司马光，司马光将这条被子珍藏终生，直到去世时，身上覆盖的仍是这条被子。

司马光为官多年，俸禄丰厚，还多次得到皇帝赏赐。宋仁宗去世后，宋英宗把他遗留的价值百万的财物分赐群臣，司马光分得近千缗财物，他数次上书推辞，朝廷没有批准。他就把这些财物折合成钱，当作谏院的办公经费。

司马光有条件过富裕生活，但他一生甘守清贫，在吃饭穿衣上，他只求温饱，"食不敢常有肉，衣不敢纯有帛"。

司马光的夫人去世后，他手中没有闲钱，只好典了几亩地，才给夫人举办了一个像样的葬礼。他去世前留下遗言，让儿子司马康不要给他大操大办丧事，薄葬即可。

二

司马光与夫人张氏生育二子，都不幸夭折，只好过继哥哥司马旦的儿子司马康为子。司马康在司马光夫妇的精心抚养下健康成长。司马光看着日渐长大的儿子，既欣喜又担心，怕儿子染上纨绔子弟的不良习气，于是他在百忙之中抽出时间给儿子写了一篇文章，教导儿子要传承艰苦朴素的优良家风。

司马光写给儿子司马康的这篇文章名为《训俭示康》。

首先，司马光向儿子介绍司马家族的光荣传统："吾本寒家，世以清白相承。"

司马光说他家是"寒家"，这是相对于显官达宦之家而言，实际上他家很富裕。司马光的父亲司马池早年丧父，他把"家赀数十万"分给叔叔伯伯，自己专心读书。功夫不负有心人，司马池考中进士，在司马光出生前，司马池当上了光山县知县。

只不过，他刚做上知县，俸禄很低，他又是个清官，只靠自己的俸禄生活，加上之前把继承的遗产分了出去，所以司马光小时候，日子很清寒。

清寒的门风是司马池送给儿子最好的礼物。

司马光从小是个朴素的孩子，他小时候，亲人给他穿上绸缎衣服或是戴上金银饰物，他就觉得很别扭，总是想方设法脱下来或摘下来。

司马光二十岁考中进士，按惯例进士们要在头上簪花，别的进士都喜气洋洋地簪上鲜花，只有司马光的帽子上光秃秃的。进士们劝他："这是皇帝所赐，不能不簪。"司马光这才簪上了一朵花。

司马光对吃饭穿衣都不在意，平日里布衣蔬食，但他也不像王安石那样"衣垢不浣，面垢不洗"，弄得邋邋遢遢，他只是顺应自己简单的生活习惯而已。

司马光的父亲在地方上任职时，人们的生活还很俭朴，司马光记得他小时候，父亲请客，酒不过几巡，菜不过几味，都有严格的要求，果子只有梨、栗子、枣、柿子等几样，酒是到市场上买的，用的杯盘器具都是普通的瓷器、漆器。

到宋神宗时，社会风气完全不一样了，人们以奢侈享乐为荣，以艰苦朴素为耻。贩夫走卒经常穿着士子的衣服，农夫经常穿着丝绸的鞋子，士大夫请客，提前几个月就开始做准备，酒用宫廷酿法酿制的好酒，菜、果用远方运来的珍稀之物。如果食物品种不是很多，杯盘餐具不能摆满桌子，都不好意思给别人下请帖，怕别人讥笑自己是没见过世面的吝啬鬼。

　　司马光不喜欢这种风气，他给儿子列举了几个正面典型，让儿子向这几位好榜样学习。

　　一位是宋真宗时的宰相李沆。

　　李沆住在封丘门内，住宅狭窄，大厅前仅容一匹马转身，人们认为他的住宅与他的身份不匹配。李沆笑着说："我这宅子是想传给儿孙的，它当宰相府的大厅有点小，当太祝、奉礼家的厅房，还是很宽绰的。"

　　李沆的意思是说，他当宰相，他的儿孙不一定当宰相，若是他的儿孙当太祝、奉礼郎这样的小官，却继承了阔绰的宅子，他们的收入怎么养得起豪宅？与其将来再变卖，还不如从一开始就住在普通的宅子里，反而住得安稳。

　　另一位是宋仁宗时的宰相张知白。

　　张知白当上宰相以后，一家人仍然保持着他当河阳掌书记时的生活水准。有位亲戚劝他："你现在俸禄不少，何必过这样俭朴的生活？你即使是真心过俭朴生活，别人也会以为你矫情。"张知白叹口气说："以我现在的俸禄，一家人过锦衣玉食的日子有何困难？只是人之常情，由俭入奢易，由奢入俭难，我不能一直领这么高的俸禄，我也不能长生不老。如果我被降职或是死了，我的家人习惯了奢侈生活，怎么过得了苦日子？与其让他们先甜后苦，不如现在让他们过得朴素一点，免得他们将来心理失衡。"

　　还有一位是北宋时的官员鲁宗道。

　　鲁宗道在宋真宗时担任谏官，有一次宋真宗急召他议事，使者在他家等了很久，他才从酒馆回来。宋真宗责备他："你是一位有清望的官员，怎么能到酒馆里喝酒？"鲁宗道说："我家里穷，客人来了，我家碗盘都不够，也没有酒菜和瓜果，只好到酒馆招待客人。"宋真宗因为他的诚实而更加器重他。

三

司马光出生时，他的父亲只是个小县令，而且那时社会风气崇尚节俭朴素，他哪怕想过奢侈生活，家庭条件也不允许，社会风气也不纵容。而到了他的儿子司马康成年时，司马光已为官多年，俸禄较高，社会风气也变了，由崇"俭"变成尚"奢"，一个官宦子弟没定力，很容易受到不良社会风气的影响而追求奢侈享乐。

跟俭朴的生活相比，奢华生活更顺应人懒惰、贪图享乐的本性。一个人习惯了奢华生活，就会像一匹脱了缰的马，只会越来越追求奢华，宁愿牺牲未来的幸福，也要维持现在的生活水平。

这种透支未来的生活方式走的不是一条可持续发展之路。从小处说，不利于修身养性；从大处说，不利于家族兴旺。

商纣王用象牙筷子的故事说的就是这个道理。

传说商纣王让工匠制作了一双象牙筷子，他的叔叔箕子看见了，说："我这个侄子要完了。"

箕子的推理是这样的：

商纣王用上象牙筷子，就不会用粗陶做的酒具饭具，而是用犀牛角做的酒杯，玉做的碗。用上这么高档的酒具饭具，他就不会吃煮豆子之类的粗糙饭菜，而是吃山珍海味。他吃上山珍海味，就不会穿粗布衣服，就会穿华丽的丝绸。他吃穿都精致了，就不会住低矮潮湿的屋子，就要劳民伤财，兴建宫殿楼台。那样，他就离败亡不远了。

事情的发展果然被箕子言中。商纣王很快过上了酒池肉林的糜烂生活，导致民怨沸腾。周武王带领诸侯讨伐商纣王，商纣王最终落了个自焚身亡的下场。

司马光跟儿子说："'俭，德之共也。'侈则多欲。君子多欲则贪慕富贵，枉道速祸；小人多欲则多求妄用，败家丧身；是以居官必贿，居乡必盗。故曰：'侈，恶之大也。'"

什么意思呢？

司马光说，俭朴，是美德的基础；奢侈，是罪恶的来源。一个人过平淡的生活，欲望就小，就会抵抗得住诱惑，遵从自己的内心；一个人过奢侈的生活，心中的欲望就多，就会妄求不属于自己的东西。做官的人如果奢侈，就会贪污受贿；平民百姓如果奢侈，就会偷窃抢劫。

司马光害怕司马康靠着他的俸禄过上奢华的生活，将来他不在了，司马康的收入支撑不起奢华生活的开支，把手伸向官府和百姓的财物，成为一个贪官，有辱司马家族的清白声誉。

事实证明司马光的教育很成功，他的儿子司马康"为人廉洁，口不言财"。司马光去世后，皇帝赐银两千两给司马光立神道碑，司马康认为父亲的丧礼，官府已经按惯例出钱，拒绝了皇帝的格外赏赐。

　　司马康虽然没有司马光的才能，但他继承了司马光的精神，一生踏踏实实做官、清清白白做人，受到人们的称赞和尊重。

人咬得菜根，则百事可做

——洪应明《菜根谭》

一

民国初年，奉化收藏家孙锵东游日本，在京都的旧书店里发现了一本薄薄的小册子，只有几十页纸，书名是《菜根谭》，作者是还初道人洪自诚，校注是觉悟居士汪乾初。

孙锵打开书一看，句句是至理之言，读起来像一缕春风吹过心田，顿觉神清气爽。他想：这么好的书，一定要买回去，让国人都读读，汲取书中的营养。

民国十七年（1928），退休在家养病的秦光第从家中的旧藏书中翻出一本《菜根谭》，越读越觉得有味道，读得入了迷，每天拿着书读，琢磨书中的内容。

某天有位亲戚来拜访他，给他带来一本孙锵在日本发现的《菜根谭》校印本，秦光第把这本书跟他家中收藏的版本对比，觉得这本书的内容看起来不外乎是"教人涉身处世，应事接物，无论穷达，一以高尚纯洁为主，深者见深，浅者见浅"，其实与吕新吾、陈榕门、曾国藩的规训有很多相似之处。秦光第平生仰慕吕、陈、曾三人，晚年读到《菜根谭》，不由得产生相见恨晚之感。

《菜根谭》到底是本怎样的书？为什么孙锵会在日本的书肆里搜寻到它？孙锵发现的版本与秦光第家的又有什么不同？

《菜根谭》大约成书于明朝万历年间，作者洪应明，字自诚，号还初道人，生平事迹不详，冯梦祯说他"幼慕纷华，晚栖禅寂"，早年其追求的是儒家的入世，晚年则是佛家的出世。这样的人，心性是聪明的，经历是坎坷的，见过红尘繁华，才能看破红尘，看破繁华。

洪应明的《菜根谭》是格言式小品文集，内容短小精悍，每条大多十几个字至几十个字，每条都可以独立拿出来当座右铭，文字虽简练，但内容十分丰富。

一位清代官员评价此书：

> 其间有持身语，有涉世语，有隐逸语，有显达语，有迁善语，有介节语，有仁语，有义语，有禅语，有趣语，有学道语，有见道语。词约意明，文简理诣。设能熟习沉玩而励行之，其于语默动静之间，穷通得失之际，可以补过，可以进德，且近于律，亦近于道矣。

他的意思是说，这本书里什么内容都有，你把这本书读得熟透了，并且照着书上写的去做，你就能应对人生的各种困境，让自己变得越来越美好。

二

一本人生格言书，为什么书名是"菜根谭"？

通常认为，这个书名来自宋代诗人汪革的名言："人咬得菜根，则百事可做。"

菜根，就是蔬菜的根部。

大部分蔬菜茎叶甜脆，根部又韧又苦涩，农民把菜收上来，会把菜根扔掉，或是喂给家里的禽畜，人们吃蔬菜的茎叶。但是有些贫困或节俭的人家，菜根也不舍得丢，用盐水泡一泡，当作下饭的小菜，或是放进水里煮一煮，再加些米面，当作主食的替代品。

"菜根"由此被赋予特殊含义，泛指清苦的生活。一个人"咬得菜根"就是能过得惯清苦生活，这样的人意志坚强，能够做成大事业。

这个大事业，不一定是什么辉煌的丰功伟业，而是指能为别人之不能为。

比如这位说"人咬得菜根，则百事可做"的汪革，他一生只是官居低位的官员，既没有高官厚禄，也没有干过什么轰轰烈烈的大事，但是他很有骨气。权相蔡京听闻汪革之才，想拉拢汪革为己所用，被汪革严厉拒绝，他说他不想让他的名字将来列到奸臣榜上。

汪革生活贫困，他的妻子拿了一个公家的锡水壶，他发现以后严厉批评妻子，认为妻子这样做有损他清白的名誉。

宋代的朱熹也持这样的观点：一个人若是咬得菜根，他就能够面对诱惑而不失本性；一个人若是咬不得菜根，就会经不住诱惑而迷失本性。

朱熹说："某观今人因不能咬菜根，而至于违其本心者众矣，可不戒哉！"朱熹见过很多因吃不得苦而迷失本性之人，他认为人们应该引以为戒。

洪应明的好友于孔兼在《菜根谭题词》中说："谭以'菜根'名，固自清苦历练中来，亦自栽培灌溉里得，其颠顿风波，备尝险阻可想矣。"

于孔兼的意思是说，这本清谈之书以"菜根"为名，比喻人的才智与修养需要从清苦之中历练而来，需要时时栽培浇灌，经风历雨，承受坎坷打击，成功哪是那么容易的。

乾隆年间，三山病夫在《重刻〈菜根谭〉序》中说道：

> 菜为之物，日用所不可少，以其有味也。但味由根发，故凡种菜者，必要厚培其根，其味乃厚。是此书所说世味及出世味皆为培根之论，可弗重欤？又古人云"性定菜根香"。夫菜根，弃物也，而其香非性定者莫知。如此书，人多忽之。而其旨唯静心沉玩者方堪领会。

他在书中"菜根"的原义上又作了补充，认为"根"为

"菜"之本，菜味由根而发，菜根培植得好，蔬菜的滋味才醇厚，所以人要重根本，不要本末倒置。

"性定菜根香"出自元末明初范立本的《明心宝鉴》，原文是："心安茅屋稳，性定菜根香。世事静方见，人情淡始长。"

一个人吃得了苦，耐得住寂寞，哪怕他住在简陋的茅屋里，嚼着苦涩的菜根，他的内心世界也是安稳的。他的内心安稳，就能够洞若观火，把世态人事看得明明白白。

三

《菜根谭》的作者前半生深受儒家传统思想的影响，这体现在《菜根谭》一书中，就是有很多句子反映出儒家"过犹不及"的观点和自我反思精神。

"无事便思有闲杂念想否，有事便思有粗浮意气否，得意便思有骄矜辞色否，失意便思有怨望情怀否。时时检点，到得从多入少、从有入无处，才是学问的真消息。"这就是《论语》中"吾日三省吾身"在生活中的具体表现。

"一念过差，足丧生平之善；终身检饬，难盖一事之愆。"这是说一个人要小心翼翼地做人做事，一时失足，会让自己的善念成空。要想避免这一点，就要不时地反省自己、检视自己，不让自己因为"一念过差"而"丧生平之善"的机会。

他看不起沽名钓誉之人：

为善而欲自高胜人，施恩而欲要名结好，修业而欲惊世骇俗，植节而欲标异见奇，此皆是善念中戈矛，理路上荆棘，最易夹带，最难拔除者也。须是涤尽渣滓，斩绝萌芽，才见本来真体。

他认为君子爱惜名声与小人爱惜名声相比，小人爱惜名声更值得赞扬：

君子好名，便起欺人之念；小人好名，犹怀畏人之心。故人而皆好名，则开诈善之门；使人而不好名，则绝为善之路。此讥好名者，当严责夫君子，不当过求于小人也。

君子是有社会地位之人，本来声望高于小人，君子过于追求名声，会有欺世盗名的念头；小人追求名声，说明他还是要面了的，知道畏惧社会舆论。所以他认为在"好名"一事上，应该严格要求君子，不能苛责小人。

他不喜欢趋炎附势之人：

附势者如寄生依木，木伐而寄生亦枯；窃利者如蝇虻盗人，人死而蝇虻亦灭。始以势利害人，终以势利自毙。势利之为害也，如是夫。

他认为趋炎附势之人如木头上的寄生物，木头被伐，寄生物也就枯萎了。窃取别人好处之人像蝇虫叮人，人死了，蝇虫也就没得叮了，趋炎附势之人最终会败在自己的功利心上。

对于富贵，他的认识是：

富贵是无情之物，看得他重，他害你越大；贫贱是耐久之交，处得他好，他益你反深。故贪商於而恋金谷者，竟被一时之显戮；乐箪瓢而甘敝缊者，终享千载之令名。

你越迷恋富贵，富贵越害你；你越甘于贫贱，贫贱越有益于你。

能轻富贵，不能轻一轻富贵之心；能重名义，又复重一重名义之念。是事境之尘氛未扫，而心境之芥蒂未忘。此处拔除不净，恐石去而草复生矣。

一场闲富贵，狠狠争来，虽得还是失；百岁好光阴，忙忙过了，纵寿亦为夭。

但是他也不主张过于廉洁，俗话说，过犹不及，过于廉洁也是不近人性的。

廉官多无后，以其太清也；痴人每多福，以其近厚也。故君子虽重廉介，不可无含垢纳污之雅量。虽戒痴顽，亦不必有察渊洗垢之精明。

　　清廉的官员往往没有后福，因为他们过于清廉而不能容人，痴人多福是因为他们秉性忠厚。所以君子虽然看重清廉，但是要有容人之雅量，对别人不要过于精明苛责。

　　所以他说：

　　　　大聪明的人，小事必朦胧；大懵懂的人，小事必伺察。盖伺察乃懵懂之根，而朦胧正聪明之窟也。

　　　　世事如棋局，不着得才是高手；人生似瓦盆，打破了方见真空。

　　真正聪明的人，做事时抓大放小，在小事上不苛求完美；糊涂人恰恰相反，在小事上一定明察秋毫不吃亏。所以这看似聪明之处恰是糊涂，看似糊涂之处恰是聪明。

　　世事如棋局，真正的下棋高手是不动声色的；人生像个瓦盆，打破了才能真正领悟生命的本质与虚空。

　　《菜根谭》并非专门的家训著作，但是这本书被人们当作教人修身养性之书，书中的一部分语言融入后世的家训之中，因此该书在一定程度上起着家训著作的作用。

　　《菜根谭》在流传过程中，很多文人对它进行了增删修改，导致它有多个不同版本。大致上来说，《菜根谭》分为明刻本和清刻本两个体系，内容虽有所不同，但都是教人修身养性、与人为善的。时光荏苒，这些闪烁着人生智慧的语句在今天仍有借鉴意义。

一粥一饭，当思来处不易；
半丝半缕，恒念物力维艰

——《朱子家训》

一

黎明即起，洒扫庭除，要内外整洁。

既昏便息，关锁门户，必亲自检点。

一粥一饭，当思来处不易；半丝半缕，恒念物力
维艰。

宜未雨而绸缪，毋临渴而掘井。

这些闪耀着生活智慧的格言警句出自《朱子家训》，这个
"朱子"并非宋代理学家朱熹，而是明末清初学者朱柏庐。

朱柏庐，名用纯，字致一，明朝末年出生于昆山（今江苏
昆山）一个书香门第。他的高祖父朱希周是明孝宗时的状元，
朱希周为人为官正直廉洁，因为与同朝其他官员意见不合，辞

官回乡，在朱家祖坟旁筑茅屋而居三十年，过着布衣蔬食的淡泊生活，很多公卿推荐他出来做官都被他拒绝。

朱柏庐的祖父、父亲也以品行高洁而受到人们的尊重。

朱柏庐的父亲朱集璜人称"节孝先生"，1645 年，清军进攻昆山，朱集璜协助地方官守城，城破之后，朱集璜写下绝命诗系于衣带，投河而死。

朱柏庐从小天资聪颖，十几岁就考中秀才，因为父亲拒绝降清而殉难，他在清朝入关以后绝意功名，一生在乡下教书。

朱柏庐的"柏庐"出自晋代王裒的故事。王裒的父亲王仪被司马昭杀害，王裒隐居乡下授徒，西晋朝廷多次征召他出来做官都被他拒绝。王裒在父亲的坟墓旁边建了一座草庐，经常在坟前祭拜父亲，手扶着父亲坟墓旁的柏树落泪。

朱柏庐以"柏庐"为号，既是表达他对父亲的怀念，也表明了他的生活态度。

清朝统治者为了拉拢民间有才之士，设博学鸿词科，多次征召朱柏庐参加博学鸿词科考试，都被朱柏庐拒绝。地方官推荐朱柏庐为乡饮大宾，也被他拒绝。

朱柏庐一边教书一边潜心钻研学问，是一位渊博的学者。他一生著述丰富，对后世影响最大的是《朱柏庐治家格言》，又称《治家格言》或《朱子家训》。

中国人向来注重家风建设，历代家规家训无数，《朱子家训》是流传最广的家训之一。它一经问世，就备受推崇，被士大夫们奉为"治家之经"。到了民国时期，《朱子家训》一度成为童蒙教材，影响了一代又一代人。

二

《朱子家训》只有 524 字，内容却非常丰富，涉及日常生活的方方面面，每个人都可以从中找到自己感兴趣的内容。不管你是达官贵人，还是黎民百姓，都可以对照书中的内容去做。它既是一部集处世箴言之书，又是一部日常行为指导手册。

"黎明即起，洒扫庭除，要内外整洁"，这是告诉人们，卫生是一个家庭的脸面，一个积极向上的家庭要以一个好的面目示人，早上起床后要先洒水打扫院子，保证屋里屋外干净整洁，让人一看就有朝气。

"既昏便息，关锁门户，必亲自检点"，这是强调要按时作息，注意夜间安全。有道是"年年防饥，夜夜防盗"，身为一家之主要在每晚睡觉前亲自检查门窗是否已全部关闭、落锁。

"自奉必须俭约，宴客切勿流连"，这是居家时的生活方式和外出做客时的态度。

"与肩挑贸易，毋占便宜；见贫苦亲邻，须加温恤"，这是对待小商小贩的态度和对待贫寒的亲戚邻居的态度。

"兄弟叔侄，须分多润寡；长幼内外，宜法肃辞严"，这是告诉人们，一个大家族之中不同辈分的人之间怎样相处。

"重资财，薄父母，不成人子"，这是说有的人把钱财看得比父母还重，这是不孝儿女。

"嫁女择佳婿，毋索重聘；娶媳求淑女，勿计厚奁"，这是讲对待男婚女嫁的态度，婚嫁要看重对方的人品和能力，不要计较彩礼或嫁妆是否厚重，否则会本末倒置，因小失大。

"处世戒多言，言多必失"，这是告诉人们要慎言，口不择言很容易引来麻烦。

"轻听发言，安知非人之谮诉，当忍耐三思；因事相争，焉知非我之不是，须平心暗想。"这是告诉人们要三思而后行，不要听信谗言，不要轻易与人发生争执，与别人发生矛盾要多反思自己，而不是一味怨恨别人。

"国课早完，即囊橐无余，自得至乐"，这是告诉人们要及时纳税，履行对国家应尽的义务。

"读书志在圣贤，非徒科第；为官心存君国，岂计身家。"这是告诉人们读书的目标和做官的态度，读书是为了向圣贤学习，而非科举及第，做官的时候不要只考虑自己的得失，要多考虑君王和国家。

文中也有一些内容在今天看来比较陈腐，诸如"三姑六婆，实淫盗之媒""奴仆勿用俊美，妻妾切忌艳妆""听妇言，乖骨肉，岂是丈夫"，这些语言有职业歧视和性别歧视的性质，但在当时确实可以帮助人们防范一些不必要的风险，以及避免一些家庭矛盾。

可见，《朱子家训》内容上的丰富性是它受到人们热烈欢迎的原因之一。

三

《朱子家训》的语言很有特点，它是用骈文写成，两两相对，声韵和谐，朗朗上口，通俗易懂。这是它在民国时期成为童蒙读物的原因之一。

与朱柏庐同时期的张英也写有一部家训，张英家训是用比较浅显的文言文写成的，它与《朱子家训》是两种不同的语言风格。

比如，都是教人不要与小商贩斤斤计较，张英这样写：

乡里间荷担负贩及佣工小人，切不可取其便宜，此种人所争不过数文，我辈视之甚轻，而彼之含怨甚重。每有愚人见省得一文，以为得计，而不知此种人心忿口碑，所损实大也。待下我一等之人，言语辞气最为要紧，此事甚不费钱，然彼人受之，同于实惠，只在精神照料得来，不可惮烦，《易》所谓"劳谦"是也。

《朱子家训》中则只有两句话："与肩挑贸易，毋占便宜；见贫苦亲邻，须加温恤。"

张英的道理讲得很通透，不仅告诫儿孙不要与小商贩斤斤计较，还告诉他们为什么不能这样做，这样做的危害又是什么，只是他的语言啰唆，不利于流传。

《朱子家训》中没有说为什么要这样做，只说应当怎样做，语言简练，好记易懂，便于在生活中随口引用。

张英家训与《朱子家训》的深层理念是一致的，但不同的语言风格导致张英家训仅在士大夫之间流传，没有普及民间，《朱子家训》却家喻户晓，在民间广泛流传。

《朱子家训》通篇都是名言警句，随便摘出一句就可以当座右铭，诸如：

> 器具质而洁，瓦缶胜金玉；饮食约而精，园蔬愈珍馐。
>
> 刻薄成家，理无久享；伦常乖舛，立见消亡。
>
> 见富贵而生谄容者，最可耻；遇贫穷而作骄态者，贱莫甚。
>
> 施惠勿念，受恩莫忘。凡事当留余地，得意不宜再往。人有喜庆，不可生妒忌心；人有祸患，不可生喜幸心。
>
> 见色而起淫心，报在妻女；匿怨而用暗箭，祸延子孙。
>
> 穷门和顺，虽饔飧不继，亦有余欢；国课早完，即囊橐无余，自得至乐。

有一些对仗特别工整的句子，诸如"一粥一饭，当思来处不易；半丝半缕，恒念物力维艰""宜未雨而绸缪，毋临渴而掘井""祖宗虽远，祭祀不可不诚；子孙虽愚，经书不可不读""善欲人见，不是真善；恶恐人知，便是大恶"。这些语句不仅可以当作座右铭，还可以写成对联悬于堂上。

四

朱柏庐是一位深受儒家思想影响的学者，他的《朱子家训》大致体现的是儒家知识分子的"修身""齐家"观念，这两种观念都属于建立在熟人社会和自给自足的小农经济之上的温润质朴的道德观和人生观。

"自奉必须俭约，宴客切勿流连""勿贪意外之财，勿饮过量之酒""勿恃势力而凌逼孤寡""轻听发言，安知非人之谮诉，当忍耐三思；因事相争，焉知非我之不是，须平心暗想""施惠勿念，受恩莫忘""人有喜庆，不可生妒忌心；人有祸患，不可生喜幸心""善欲人见，不是真善；恶恐人知，便是大恶"。

这些是讲"修身"的内容。"修身"要靠不断反省和纠偏才能做到，对应的是儒家的中庸之道与"吾日三省吾身"的自我反思精神。

"兄弟叔侄，须分多润寡；长幼内外，宜法肃辞严""重资财，薄父母，不成人子""嫁女择佳婿，毋索重聘；娶媳求淑女，勿计厚奁""居家戒争讼，讼则终凶""家门和顺，虽饔飧不继，亦有余欢"。

这些是讲"齐家"的内容。"齐家"建立在"修身"的基础之上，人人做到"修身"，"齐家"水到渠成；人人不愿"修身"，"齐家"就是空中楼阁。

家庭是社会的细胞，家庭和睦则社会安定。"治国""平天下"

注定是少数人的事业，"修身""齐家"则是每个人的责任。

《朱子家训》也有一些体现慈悲为怀、因果报应等佛教观念的内容，诸如"刻薄成家，理无久享；伦常乖舛，立见消亡"。还有一些体现了道家顺其自然、清静无为的思想，诸如"凡事当留余地，得意不宜再往""守分安命，顺时听天"。

但是《朱子家训》的底色还是儒家的，无论强调对祖宗的祭祀，对子女的教育，还是强调节俭、和睦等美德，都浸染着浓厚的儒家色彩。

小农经济是一种脆弱的经济形式，任何变故都会影响一个家庭的生死存亡，故而在传统观念中，节约是一种美德。对一个家庭来说，量入为出才能积蓄物资应对变故；对一个社会来说，一部分人奢侈无度会导致另一部分人食不果腹。

绝大部分家训都强调节俭，朱柏庐的《朱子家训》也不例外，但他写的"一粥一饭，当思来处不易；半丝半缕，恒念物力维艰"却有着更深广的含义。

沿着"一粥一饭"，我们看到了"汗滴禾下土"的农夫、舂米用的石臼、推磨的老人，以及在厨房里忙碌的妻子或母亲。

沿着"半丝半缕"，我们看到了采桑的女子，养蚕用的竹匾，纺线用的纺车，还有那半夜仍在札札响着的织布机。真是"谁知盘中餐，粒粒皆辛苦""遍身罗绮者，不是养蚕人"，仅仅维持温饱就耗尽多少人的一生！

《朱子家训》的这种温情和体恤，也是它受到人们欢迎的原因。

家俭则兴，人勤则健；能勤能俭，永不贫贱

——曾国藩家训

一

曾国藩是清代"中兴名臣"，毛泽东称赞他"愚于近人，独服曾文正"（"文正"是曾国藩的谥号）。

曾国藩官至直隶总督、两江总督，受封一等毅勇侯。很多人以为，曾国藩的家人一定是吃珍馐美味，穿绫罗绸缎。实际上，曾国藩一家生活俭朴，直到曾国藩去世，曾家始终维持着乡下小财主的生活水准。

曾国藩贵为封疆大吏，每餐却通常只有一个菜，人们戏称他为"一品宰相"。历史上扬州是盐商聚居地，盐商们向来生活奢华，有一次曾国藩到扬州一带巡察，他们费尽心思摆了一席"水陆八珍"盛宴，本以为曾大人会满心欢喜，没想到曾国藩皱了皱眉，只拣着面前两三盘菜吃了点。

盐商们心中惶恐，以为他们准备的菜不合曾大人心意。他们私下派人打听，原来是曾国藩见宴席上的菜太奢华，心中不

高兴。他说："一食千金，吾口不忍食，目不忍睹。"

曾国藩日常穿布衣布袍，衣服上经常有补丁。他的衣服和鞋袜都是夫人欧阳氏亲手缝制。他的卧室里只有一条蓝花土布被子，一顶用了很多年的帐子，几个装书的篾条箱子。他考中进士以后做了一件天青缎马褂，平时放在箱底，只在出席庆典或过年的时候才拿出来穿穿。三十年过去，马褂还跟新的一样。

曾国藩家的老宅已逾百年，房舍破旧，他弟弟曾国荃花几千串钱把房子修葺一新，曾国藩听后很不安，他责备弟弟："即新造一屋，亦不应费钱许多。余生平以大官之家买田起居为可愧之事，不料我家竟尔行之。"

曾国藩不仅自己节俭，也要求家人节俭。

曾国藩有五个女儿，他不许女儿们穿镶花边的衣服和五彩绣裙，她们总是一件衣服轮流穿。哥哥娶了媳妇，女儿们就捡嫂子的衣服穿，女儿们身上像样的衣服都是嫂子的旧嫁衣。

女儿们到了出嫁的年纪，每个女儿他只给二百两银子置办嫁妆，这点银子置办几件家具和衣服被褥就所剩无几了。二女儿的嫁妆中有一只金耳挖，七钱重，是最贵重的一件首饰，没想到让人偷了去。欧阳夫人难过得几夜睡不好觉，怕女儿嫁到女婿家，头上连件像样的首饰都没有。

欧阳夫人过生日时，有人送给她一顶纺绸帐子，她却不舍得用，留给小女儿曾纪芬作嫁妆。这顶帐子，曾纪芬用了很多年。

二

比起"俭"字，曾国藩更看重一个"勤"字。

曾国藩根据儒家思想提出"八德"：勤、俭、刚、明、忠、恕、谦、浑。八德之中，"勤"居第一，"俭"居第二。

在曾国藩看来，"俭"是节流，"勤"是开源。只一味节省，不去创造，面对日渐耗尽的财富，一个人很难做到心态平和。只有把双手与大脑调动起来去创造财富，学上一套吃饭的本领，才能无惧无畏地活在世上。

曾国藩家的仆人很少，有一段时间，他的夫人和几个女儿陪他住在两江总督官署里。欧阳氏身边没有女佣，只能以每月八百文的价格雇了个村姑干杂活儿。两个已婚女儿，一个身边有个小婢，一个没有婢女，只好花了二十来缗钱买了一个婢女。曾国藩知道以后批评女儿，让她自己能做的事情自己做，女儿只好把婢女转了出去。

曾国藩的儿媳、女儿都是自己缝衣做鞋、梳头洗脸，从没有像影视剧中的夫人小姐们那样，一天到晚有一群丫鬟和老妈子伺候着。

曾国藩的好友欧阳兆熊写过这样一件事：

> 曾文正夫人，为衡阳宗人慕云茂才之妹，冢妇刘氏，即陕抚霞仙中丞女也，衡湘风气俭朴，居官不致常度，在安庆署中，每夜姑妇两人纺棉纱，以四两为率，二鼓后即歇。是夜不觉至三更，劼刚世子已就寝矣。

夫人曰："今为尔说一笑话，以醒睡魔可乎？"有率其
子妇纺纱至深夜者，子怒詈谓纺车声聒耳不得眠，欲
击碎之，父在房中应声曰："吾儿可将尔母纺车一并击
之为妙。"翌日早餐，文正笑述之，坐中无不喷饭。

曾国藩的夫人和大儿媳，一个是总督夫人，一个是巡抚之
女，婆媳二人经常晚上纺纱到深夜。这天婆媳纺纱到半夜，曾
国藩的儿子嫌纺车声让他无法入睡，嚷着要去把媳妇的纺车砸
了，父亲在房中说："你还是把你娘的纺车一起砸了吧。"第二
天早饭时曾国藩把这件事讲给家人听，家人无不笑得喷饭。

为了督促女眷们做工，曾国藩给她们制定了一份功课单：

早饭后，做小菜点心酒酱之类（食事）
巳午刻，纺花或绩麻（衣事）
中饭后，做针黹刺绣之类（细工）
酉刻，做男鞋、女鞋或缝衣（粗工）

曾国藩亲自检查她们做工的完成情况。"食事"每天检查一
次，"衣事"三天检查一次，"细工"五天检查一次，"粗工"每
月检查一次。每月必须做男鞋一双，女鞋不检查。

对于曾家男子，曾国藩规定他们每天"看""读""写""作"
缺一不可，他经常于百忙之中抽出时间检查儿孙以及侄子们的
功课。

在曾家，从男到女，从老到幼，看不到一个闲人。男子读书，女子做工。女子做工之余，也跟着叔叔哥哥们读书；男子读书之余，也做些力所能及的家务。

三

曾国藩这样做，不是不疼爱家人，而是他知道对家人越疼爱，越应该为他们的长远发展着想。与其留给儿孙万贯家财，不如留给他们良好家风和谋生本领。

有人用一副对联概括曾国藩的一生："立德立功立言三不朽，为师为将为相一完人。"

在曾国藩看来，"勤"与"俭"是"立德""立功"的一部分。"勤俭"既可以积累物质财富，又可以促进人格完善。

曾国藩一生历尽艰辛，他从一个湖南小乡绅之子通过科举考试成为一名京官，又以一介书生而兴办团练。他见过奢侈无度的纨绔子弟，也见过衣食无着的贫苦百姓。这些经历让他拥有大部分官员不具备的危机意识。

曾国藩说："生当乱世，居家之道，不可有余财，多财则终为患害。又不可过于安逸偷惰……使子弟自觉一无可恃，一日不勤，则将有饥寒之患，则子弟渐渐勤劳，知谋所以自立矣。"

他认为在乱世，积财是愚蠢行为，钱财越多越危险。不如让儿孙一无所恃，置之死地而后生。

他在写给儿子们的信中说："凡世家子弟，衣食起居无一不与寒士相同，则庶可以成大器。"世家子弟有眼界，又肯吃苦，自然能成大器。

曾国藩的儿女都谨记父亲的教诲，低调做人，不慕荣华。

曾国藩长子曾纪泽是一位外交家，在与俄国谈判时他据理力争，为我国夺回约 2 万平方公里的土地。他的次子曾纪鸿是一位数学家，著有多部数学著作。

在曾国藩的严格约束下，他的侄子们也都踏实务实。曾氏家族人才辈出、群星光耀，既有数学家、化学家、医学家，也有实业家、教育家、画家、艺术家。

反观那些给儿孙们留下金山银山的，家族的基业往往很快被儿孙败光。

李鸿章比曾国藩善于"聚财"，仅他的孙子李国杰就从父亲手中分得"1.3 万亩租田，一片山场，一座恒丰仓楼房，上海一座三层楼房……"然而，李国杰吃喝嫖赌，五毒俱全，四十来岁就把财产败光，病死在朋友家里。

盛宣怀的儿子盛恩颐比李国杰更不成器。盛宣怀是清末民初首富，他留下的遗产高达一千多万两白银，盛恩颐分得几百万两银子家产，在上海是首屈一指的公子哥儿。

他喜欢豪车，上海第一辆进口汽车就是他买的。他喜欢跑马，在跑马场养了 75 匹马。他还养了一群姨太太，给每位姨太太都配上花园洋房、进口汽车和男仆女佣。

更糟糕的是，他还有赌博和抽大烟的恶习。

他在赌桌上有个"壮举"，一夜之间把北京路、黄河路一带一条有一百多座房子的弄堂输给了浙江督军卢永祥的儿子。

他晚上在赌桌上豪赌，第二天睡到下午四五点才起床，家里没钱用，他就让人拿些东西到当铺里当掉，第二天银行开门取出钱再赎回来。

他担任汉冶萍公司总经理时，他的英文秘书宋子文在公司里几乎见不到他，只好到他家里去堵他。他儿子说他："爹爹是躲在烟榻上，一边抽大烟一边批文件的。"

他最后死在盛家祠堂里。

四

那些绵延百年以上的名门无不重视德行，把"勤俭"当作美德。

新中国成立以后，我们也"提倡勤俭节约，反对铺张浪费"。

财富不会从天而降，而是靠人的双手和大脑创造出来的。我国改革开放以后取得的成就是全国人民努力奋斗的结果。

我们还没有富裕到躺在钱堆里打滚的地步，我们跟发达国家还有距离，这个距离需要我们用勤奋、努力去追平。

世界上除了少数资源特别丰富的国家，大部分国家走上富裕之路靠的都是勤奋。

经济学上有个理论叫"资源诅咒"，说的是一些拥有大量某种不可再生的天然资源的国家，由于卖资源就可以赚钱，往往会陷入工业化程度低、产业难以转型、过度依赖单一经济结构的窘境。长期来看，其经济发展速度反而不如一些资源匮乏的国家。

看来，"家"与"国"有相似之处。人的天性是懒惰的、追求享乐的，有老本可吃，人们就愿意躺着吃老本，不愿去吃苦受累谋生存。这样一来，很容易被没有老本可吃的人超越。

古人云"莫欺少年穷"，少年时期的穷困往往会转化为动力，促使人勤奋。一个人形成勤奋的习惯，就会走一条积极向上的路。那些吃老本的人却在不知不觉中后退。

就像前文提到的盛恩颐和宋子文。盛恩颐是汉冶萍公司的总经理，宋子文是汉冶萍公司的雇员，给盛恩颐做英文秘书。盛恩颐有老本可吃，每天吃喝玩乐，宋子文的父亲是个小富翁，儿女都要工作养家，反而儿女个个成器。

这并不是说我们要像曾国藩那样，每餐只吃一个菜，好衣服叠在箱子里不舍得穿。曾国藩对家人的要求是基于物资匮乏的时代背景而提出的，在一个存在着大量饥民的时代，任何浪费都是可耻的。

我们这个时代物资丰富，适当消费可以促进生产发展，但是曾国藩家训中提倡的"勤""俭"美德并不过时，仍值得我们去继承和发扬。

（二）

和
睦

夫言行可覆，信之至也；推美引过，德之至也

——琅邪王氏家训

一

西晋泰始四年（268），"二十四孝"之一"卧冰求鲤"的大孝子王祥病重，他自知生命即将走到尽头，把儿孙叫到身边，给他们留遗言。

王祥说："一个人生于世上，有生就有死，我今年八十五岁，已是高寿，死了也没有遗憾。我不留遗言，你们不知道怎样遵循我的愿望，因此我跟你们说说我的遗愿。"

他的儿孙们点点头。

王祥接着说：

吾生值季末，登庸历试，无毗佐之勋，没无以报。气绝但洗手足，不须沐浴，勿缠尸，皆浣故衣，随时所服。所赐山玄玉佩、卫氏玉玦、绥笥皆勿以敛。西芒上土自坚贞，勿用甓石，勿起坟垄。穿深二丈，椁

取容棺。勿作前堂、布几筵、置书箱镜奁之具，棺前
但可施床榻而已。糗脯各一盘，玄酒一杯，为朝夕奠。
家人大小不须送丧，大小祥乃设特牲。无违余命！

原来王祥是交代他的丧事，让儿孙们给他简办丧事。

王祥让儿孙不要给他全身沐浴，不要给他用布缠身，不要
用大棺椁，不要把皇上赏赐的珍宝陪葬，不砌墓穴，不起坟垄，
不放很多陪葬品，不用布置很多祭祀用品。只需待他咽气之后，
给他洗洗手脚，穿上洗干净的旧衣服，在棺材前放上一张坐床，
摆上一盘干粮、一盘干肉、一杯清水，早晚祭奠祭奠就可以。

王祥怕儿孙们在他的葬礼上哭得过于哀伤，他用孔子弟子
高柴和闵子骞的故事安慰和劝导他们：

高柴在给父母守孝时泣血三年，孔子认为这是愚蠢的行为。
闵子骞脱下丧服出来见客人，弹琴表示哀伤，孔子认为他这是
孝。你们哭得过于哀伤，会损害身体健康，丧事期间吃饭也要
注意，要以适度为宜。

王祥是想说，闵子骞是有名的孝子，他在亲人过世后都没
有泣血三年，你们也不必椎心泣血，要当心哭坏了身子。

王祥交代完他的身后事，又跟儿孙们说了一段话，他让儿
孙一定要把这段话记住，他的话是这样说的：

夫言行可覆，信之至也；推美引过，德之至也；
扬名显亲，孝之至也；兄弟怡怡，宗族欣欣，悌之至

也；临财莫过乎让。此五者，立身之本。颜子所以为
命，未之思也，夫何远之有！

王祥给他的儿孙们总结了"信、德、孝、悌、让"五字立
身之本，还给他们解释"信、德、孝、悌、让"的最高境界分
别是什么：言行一致，经得起复查，这是"信"的最高境界；
把美名推让给别人，自己主动承担过失，这是"德"的最高境
界；有好名声，让父母感到荣耀，这是"孝"的最高境界；兄
弟和睦，宗族欢欣，这是"悌"的最高境界；见到财物要谦让，
这是"让"的最高境界。他鼓励儿孙们说，这五点，是一个人
的立身之本，你们凭着真心去做，就离做到不远了。

这就是王祥的《训子孙遗令》。

王祥去世后，他的儿孙谨遵他的遗言，把他的遗言当作王
氏家族共同遵守的准则，经过一代又一代人的传承与发展，逐
步形成了我们经常说的琅邪王氏家训。

二

琅邪王氏是中国古代最著名的家族之一，享有"中华第一
望族""华夏首望"之美誉。琅邪王氏兴盛数百年，出过几十位
宰相、几十位皇后和驸马，以及几百位其他的名人。

王祥的祖先是西汉著名经学家王吉。

王吉为人正直，敢于直言，汉昭帝时，出任昌邑国中尉。
昌邑王刘贺是汉武帝的孙子，继承王位时是个只有几岁的小孩

子，周围的人都阿谀奉承他，导致他小时候是个小淘气，长大成了个顽劣少年。只有王吉劝善规过，经常苦口婆心地劝他。

刘贺十九岁时，天降大运，汉昭帝死而无嗣，辅政大臣霍光请刘贺去继皇帝位。刘贺带着一帮人来到长安，整日骄奢淫逸，还大肆排除异己，把长安城闹得鸡飞狗跳。王吉多次劝他谨慎行事，他都不听。

刘贺当了二十七天皇帝就被废黜，他带去的爪牙大都被处死，只有王吉、龚遂因为经常劝谏他，没有受牵连。

王吉在汉宣帝时担任五经博士、谏大夫，他仍然保持着正直的品质，经常向皇帝进谏。

王吉为官清廉，离任时没有任何积蓄，回到家乡像普通人那样生活。

王吉对家人要求很严。他的邻居家有棵枣树，树枝伸到王吉家，王吉的妻子经常摘枣吃。王吉批评她，她不听，气得王吉把妻子赶出家门。邻居听了过意不去，执意要砍去枣树，经过多方劝说，王吉才答应把妻子接回家。

王吉没有给子孙后代留下多少有形资产，但他给后代留下了一笔可观的无形资产。王吉祖上本是武将出身，从他开始钻研经学，从此琅邪王氏以经学传家，成为两汉时期的文化名门。王吉品行高尚，给家人树立了一个好榜样，让琅邪王氏形成了良好的家风。

较高的文化修养和良好的家风，让琅邪王氏在两汉风云变幻的时局中立住了脚跟。

可以说，是生于汉末、仕于魏晋的王祥让琅邪王氏名声显扬。

王祥被后世尊为"孝圣"，二十四孝之一的"卧冰求鲤"的故事就发生在他的身上，只不过这个故事把一些细节作了夸张描述。

在最初的叙述中，本是王祥继母大冬天想吃鲤鱼，王祥来到河边，脱下衣服，想凿开冰层捕鱼。这时冰层忽然裂开，跃出两条鲤鱼，王祥把鱼捉住，让继母吃上了鲤鱼。

到二十四孝故事里，变成了王祥脱下衣服，卧在冰上，用体温融化冰层。他的孝行感动上天，冰层自行裂开，两条鲤鱼跃出水面，让继母吃上了鲤鱼。

这样一改动，放大了王祥孝行的感染力，却让故事变得不真实。

王祥早年丧母，继母朱氏很不慈爱，经常在丈夫面前说王祥的坏话。王祥的父亲是软耳朵，继母说什么他信什么，他让王祥干又脏又累的活儿，王祥也没有怨言。继母想吃鲤鱼，王祥冒着严寒捕鲤鱼；继母想吃烤黄雀，王祥张网捕黄雀。父母生病，王祥衣不解带在病榻前侍奉。王祥的孝行终于感动了继母。

东汉末年，天下大乱，王祥带着继母和弟弟王览到江南避乱。他在江南隐居三十多年，州郡长官多次征召他出来做官，他都没有答应。直到继母去世后，他才出来为官。

曹魏时期，王祥成为朝中德高望重的老臣，高贵乡公曹髦巡视太学，王祥以三老的身份扶着几杖向南而坐，向天子宣讲明君圣主的治国之道。司马炎篡位，为了拉拢王祥，给他加官晋爵。王祥想辞官回乡，司马昭不许，让他以国公的身份留居京城，赐给他优厚待遇。

王祥的弟弟王览也很有名气。

王览是王祥的继母所生，他与王祥感情很好，是兄友弟恭的典范，人们把王祥、王览兄弟居住的地方称为"孝悌里"。

三

西晋灭亡，衣冠南渡。王祥、王览的后代举族南迁，定居于建康（今江苏南京）。

琅邪王氏家族的王敦、王导兄弟辅佐司马睿建立东晋，人称"王与马，共天下"。琅邪王氏在当时是最显赫的门第，与陈郡谢氏并称"王谢"。

这是琅邪王氏最辉煌的时期，先后出了王敦、王导、王弘、王俭等一批政治名人和王羲之、王献之等一批文化名人。

琅邪王氏兴盛的根源是注重文化修养和家风建设。文化上，琅邪王氏从钻研经学起家，在政治、军事、文学、艺术等多个领域都取得了辉煌成就。家风建设上，琅邪王氏在王祥遗言的基础上，逐渐总结出王氏家训，并不断补充、细化，让家训更好地适应时代变化。

王导是东晋开国元勋，他给东晋开国皇帝司马睿制定了"谦以接士，俭以足用，以清静为政，抚绥新旧"的十七字施政方针，他本人也以此为人生信条，态度谦逊，不居功自傲，清心寡欲，生活俭朴，仓库中无存粮，身上无两件绸衣。

　　王导的曾孙王弘是刘宋的开国功臣，他把父亲留下的家产交给弟弟管理，自己只拿了一些图书。王弘位高权重，却不聚积财产，女眷没有华丽饰物，死后家无余财。

　　王弘的侄子王僧虔在哥哥王僧绰被害以后，主动抚养侄子。他出任武陵太守时，带着儿子和侄子一起赴任，途中，侄子王俭生重病，他废寝忘食地照顾侄子。后来，王俭受到萧齐皇帝重用，位列三公，之后王僧虔也被授予三公，但他认为一门之中不能有两个高官，主动辞让自己的荣誉。别人问他为什么辞让，他说："君子所忧无德，不忧无宠。"

　　王僧虔的长子王慈应召为官，王僧虔特地作《诫子书》教导儿子：

　　　吾在世虽乏德业，要复推排人间数十许年，故是一旧物，人或以比数汝等耳。即化之后，若自无调度，谁复知汝事者？舍中亦有少负令誉、弱冠越超清级者，于时王家门中，优者则龙凤，劣者犹虎豹，失荫之后，岂龙虎之议？况吾不能为汝荫，政应各自努力耳。或有身经三公，蔑尔无闻；布衣寒素，卿相屈体。或父子贵贱殊，兄弟声名异，何也？体尽读数百卷书耳。吾今悔无所及，欲以前车诫尔后乘也。汝年入立境，方应从官，兼有室累，牵役情性，何处复得下帷如王郎时邪？为可作世中学，取过一生耳。试复三思，勿

讳吾言！犹捶挞志辈，冀脱万一，未死之间，望有成
就者，不知当有益否？各在尔身己切，岂复关吾邪？
鬼唯知爱深松茂柏，宁知子弟毁誉事！因汝有感，故
略叙胸怀。

王僧虔的《诫子书》主要说了三个方面的问题。

第一是让王慈不要扬扬自得，衙门里年少就有好名声、年
纪轻轻就登上高位的大有人在。别人夸王家子弟像龙凤虎豹，
那是奉承，没有长辈庇护，你们还是龙凤吗？

第二是告诉王慈，我不给你提供庇护，你自己靠本事吃饭。

第三是让王慈读书，他说人与人天差地别，就看肚子里有
没有几百卷书。你现在有公务在身，又有家室之累，不能像过
去那样专心读书，但是也要自己找时间读书，还要带着你的弟
弟王志等人一起读书。

王僧虔的《诫子书》继承了王祥的《训子孙遗令》的思想，
只是二者各有侧重。

王祥的《训子孙遗令》是临终遗言，故在后事安排上详细，
在立德树人上提纲挈领，突出重点。

王僧虔的《诫子书》是写给正值青壮年的儿子的一篇文章，
故其内容主要是让儿子不要骄傲，要认真读书，不要靠着父辈
的名望吃饭。

"旧时王谢堂前燕，飞入寻常百姓家"，琅邪王氏的辉煌虽
已成为过去，但琅邪王氏的家训，至今仍有借鉴意义。

欲治其国者，先齐其家

——司马光《家范》

一

司马光一生著述丰富，最为人所知的是他的史学巨著《资治通鉴》，但在司马光心里，他写的一本小书《家范》的重要性不亚于《资治通鉴》。

《大学》中说："所谓治国必先齐其家者，其家不可教而能教人者，无之。"

《资治通鉴》是"治国"之书，《家范》是"齐家"之书。家齐则国治，故而司马光心里很看重《家范》这本小书。

家训古已有之，早期的家训以诰文、书信或口头嘱咐的方式存在，直到南北朝时的颜之推著《颜氏家训》，家训才以一个专门的类别出现。

颜之推出身于南北朝时期的士族之家，文化垄断是士族立身之本，故颜之推用大量篇幅谈学问。《颜氏家训》内容驳杂，包含的思想也驳杂，既有佛教思想，也有儒家思想。《四库全书总目提要》评论《颜氏家训》："其议论虽正，然词旨泛滥，不能尽本诸经训。"

初唐时期，名相狄仁杰著有《家范》一卷，这本书已经佚失，只有书名尚存。

北宋时，司马光借用狄仁杰的《家范》书名，另编《家范》十卷。司马光去世后追赠温国公，故此书也称《温公家范》。

《家范》从儒家经典著作之中选取与修身、齐家有关的名言警句，从古代史书传记之中选取可以作榜样的人物事例，加上司马光本人的评论，论述了祖、父、母、子、女、孙、伯叔父、侄、兄、弟、姑姊妹、夫、妻、舅姑等各种家庭成员之间的伦理关系、行为规范和相处准则，是古代社会一部处理家庭关系的参考书。

《四库全书总目提要》评价司马光的《家范》："其节目备具，切于日用，简而不烦，实足为儒家治行之要。"

二

司马光重视"齐家"，《家范》首卷就是"治家"。司马光从《周易》中的家人卜辞开始，摘录《大学》《孝经》《尧典》《诗经》等书中有关家庭关系的精句，说明"家"与"国"相关联，善治国之人必善治家，为家人之榜样才会为天下人之榜样。

《大学》上说："古之欲明明德于天下者，先治其国；欲治其国者，先齐其家。"

《孝经》上说："闺门之内具礼矣乎！严父，严兄。妻子臣妾，犹百姓徒役也。”

《尧典》上记载，尧问四岳："舜是个怎样的人？"四岳说："瞽子，父顽、母嚚、象傲。克谐以孝，烝烝乂，不格奸。"

《诗经》上称赞周文王之德："刑于寡妻，至于兄弟，以御于家邦。"

这些儒家经典都认为"家"与"国"有着关联性，欲治国，先治家。这种观念在今天仍有可取之处，国是由一个个家庭组成的，每个家庭都和睦相处、积极向上，社会就安定，经济就繁荣。反之，如果每个家庭都乱糟糟的，社会也必是乱糟糟的。

怎样才能"齐家"？传统的儒家知识分子认为欲齐家，先修身。仅仅修身也不够，还要有一个完善的秩序才能维持家庭和社会的运转。这个秩序，儒家称之为"礼"。

司马光《家范》的核心是一个"礼"字，他说："夫治家莫如礼。"

"礼"的具体表现是什么？

卫国大夫石碏说："君义、臣行、父慈、子孝、兄爱、弟敬，所谓六顺也。"

齐相晏婴说："君令臣共、父慈子孝、兄爱弟敬、夫和妻柔、姑慈妇听，礼也。"

石碏和晏婴认为，上至国，下至家，每个位置上的人都展示出一种与他的角色相匹配的美好品质，国君仁义而和善，臣子谦恭而忠诚，父亲慈祥，儿子孝顺，哥哥友爱，弟弟恭敬，婆婆慈爱，儿媳听话，这就是"礼"。

司马光最看重"男女之别"，认为"男女之别"是"礼之大节也，故治家者必以为先"。

《礼记》对"男女之别"有着细致而苛刻的规定，诸如：男女不共坐，不共眠，不共用衣架，不共用巾帕梳子，不共用浴室，不直接递东西。小叔子与嫂子不能往来问候，庶母不能洗别人孩子的衣服。结婚要遵循父母之命、媒妁之言，女子订婚以后佩戴专用饰物，以示自己名花有主。结婚以后不能随便回娘家，即使回去，也不能与兄弟同席而坐、同器而食。女子晚上走路要点蜡烛，出门要遮面，男、女孩到了七岁就不能同吃同坐，女子送客，不能走到门槛外边，等等。

《礼记》中的这些规定不能说都不好，很多规定对女性有保护作用，还有一些规定是出于春秋时期的特殊情况。但是，其中的"男女之别"规定得过于苛刻，对女性来说是枷锁。以束缚女性的方式获得社会稳定，这种稳定是一潭死水式的稳定，不利于社会发展，终将被抛弃。

三

《家范》一半内容谈论家庭关系中的男性成员，一半内容谈论家庭关系中的女性成员。谈论男性成员时，司马光从祖辈说起。

"为人祖者，莫不思利其后世。然果能利之者，鲜矣。"天下那些做祖辈的，没有不想给子孙后代留下好处的，但是真正给子孙后代留下好处的人并不多。

为什么会这样？

司马光认为，这是因为很多祖辈只注重留财，不注重留德，认为给子孙后代留下"田畴连阡陌，邸肆跨坊曲，粟麦盈囷仓，金帛充箧笥"，子孙就会享用不尽。他们不重视儿孙教育，不用礼法齐家，儿孙长大后成为败家子，很快把祖辈积累的产业挥霍一空。

那些有远见的祖辈是怎样做的呢？

"圣人遗子孙以德以礼，贤人遗子孙以廉以俭。"圣贤之人让儿孙有德行、懂礼仪、廉洁、节俭，美好的家风才是祖辈留给儿孙最宝贵的财富。

司马光认为，教育子女是父亲的重要职责。

孩子能吃饭时，父亲就教他们用右手拿筷子。孩子能说话时，父亲就教他们学会应答，并让男孩子戴上皮革做的佩饰，女孩子戴上丝绸做的佩饰，让他们初步有习武、纺织的观念。孩子六岁让他们学习数数和记方位。孩子七岁让他们有"男女有别"的观念。孩子八岁，教他们出门和参加宴席要谦让长者。孩子九岁，教他们学习天干地支。孩子十岁，让他们到外面求学，学习六书、九数。孩子十三岁，教他们学习音乐、诵诗、文舞。孩子成年，教他们学习武舞和射箭驾车。

在司马光心里，当父亲不是一劳永逸的，而是须随时关注子女的成长。从孩子初晓人事时，就要从培养生活习惯开始，逐步给孩子灌输学习观念、劳动观念，让孩子有男女意识，有独立生活的能力，最终让孩子成为能文能武、治国安邦之人。

儿子对父母要讲究孝道，"孝"的内容广泛，包括赡养、安葬、祭祀、爱护身体、扬名后世，让父母感到荣耀，等等。

孝是爱，是敬，不是无条件顺从。若是父亲把儿子往死里打，儿子就要赶快逃走，不能让父亲把自己打死，那样会陷父亲于不义，是不孝。

伯伯叔叔，视之如父。"古之贤者，事诸父如父，礼也。"

兄弟如手足，应该互相体谅、互相扶持。

外甥要敬重舅舅，见舅如见母，危难之时，甥舅会互相救助。

四

在司马光看来，母亲的职责与父亲的职责一样，就是教育好下一代。

> 为人母者，不患不慈，患于知爱而不知教也。古人有言曰："慈母败子。"爱而不教，使沦于不肖，陷于大恶，入于刑辟，归于乱亡。非他人败之也，母败之也。

在男耕女织的时代，母亲在家庭中停留的时间更长，与儿女的接触更多，对儿女也特别容易溺爱。很多母亲是"慈母"，却不会教育孩子，对孩子只有溺爱，没有管教，使孩子沦落为恶人，受到国家刑罚的惩处，最终自取灭亡。这样的例子不要太多。

　　当一位好母亲，要从孩子还在腹中时，就对孩子进行胎教。

　　一位好母亲要像孟母一样给孩子创造良好的学习环境，鼓励孩子读书，与优秀的人交游。孩子做了官，要教育他为官清廉，不要贪腐。儿子若是要舍生取义，深明大义的母亲会支持儿子。

　　一位好母亲，不仅会好好抚养自己的孩子，还会善待丈夫庶妻之子女、前妻之子女，把他们当作自己的亲生儿女一样看待。哪怕这些孩子暂时不体谅后母，后母也要以德行感化他们。

　　女子不像男子那样要求成为文武全才，但也要受教育，父母不能只注重儿子的教育，忽视女儿的教育，一个优秀的女子才能教育出优秀的后代。

　　《家范》总体来说重男轻女，但是它承认很多女子遇到艰难困厄时，会表现出非凡的勇气：有人终身不嫁，扶养年迈、患病的亲人；有人千里行乞，把战死边关的父兄遗体带回家乡安葬；有人手持利刃，为父报仇。更有淳于意之女，为父亲上书鸣冤，使汉文帝深受感动，废除肉刑，天下人受其惠。

　　姐妹关系不在"五伦"之中，不过，姐妹与兄弟一样同父同母、共同生活，感情上不亚于兄弟，很多姐妹在面临危机时也表现出不亚于兄弟的深情。

　　《家范》注重妻子的品德。司马光认为，大至一个王朝兴废，小至一个家庭兴衰，妻子都有很大责任。一位合格的妻子应该性格柔顺，与丈夫的家人和睦相处，对丈夫忠诚，不嫉妒丈夫的姬妾，生活俭朴，丈夫犯错时能够及时纠正，必要时要舍己救夫。

《家范》认为夫妻相处的最佳模式是互相敬重，丈夫去世，妻子与儿子一起行丧礼，妻子去世，丈夫哀伤不已，与儿子一起行丧礼，这是人之常情，不应嘲笑。

"五伦"之外，还有两种女性之间的关系也很重要，一个是婆媳关系，一个是妻妾关系。

婆媳之间相处的准则是"妇事舅姑，与子事父母略同"。儿媳在公婆面前要恭顺、勤劳、节俭，做事之前向公婆请示，不私藏财物。公婆也要尊重儿媳，公公去世，婆婆年老，就把接客、祭祀等事情交给长子媳妇去办。

妻妾关系如同君臣关系，"妾事女君，犹臣事君也。尊卑殊绝，礼节宜明"。哪怕是皇上的宠妃，也不能与皇后同起同坐。

对帝王将相之家来说还有一种特殊关系，就是乳母、保姆与乳儿之间的关系。挑选乳母、保姆要慎重，因为对幼儿进行抚养、教育的重任很大一部分将由她们承担。很多乳姆、保姆与幼儿建立起深厚感情，危难到来时，有的乳母用自己的儿子代替幼儿受难，有的乳母抱着乳儿四处躲避追杀，还有的乳母殉义忘身，"虽古烈士，何以过哉"？

总之，要想了解古代家庭成员之间的标准相处模式，看一看司马光的《家范》就知道了。

家长专以至公无私为本，不得徇偏

——《郑氏家范》

一

浦江郑氏家族，是南宋至明朝中期一个著名的大家族。这个家族的规模有多大呢？人数最多的时候，达三千多人。

三千多人同吃同住，不分家产，和谐相处，《浦江志略》说郑氏家族"合族聚食而雍睦恭谨，不殊乎父子兄弟之至亲，宋元国朝屡旌其门"。《明史》说郑氏家族"其家累世同居，几三百年"。

明太祖是见多识广之人，听说郑氏家族几百年聚居的消息都惊叹不已，称赞郑氏为"江南第一家"。可能他潜意识里觉得，如果他生在这个家族中，就不会少年时流离失所。

朱元璋接见郑氏家族的郑濂，向他询问"治家长久之道"，还赐给郑濂果子。郑濂把果子揣在怀里带回家，将汁水滴入水中分给家人，让所有人共享这份荣耀。

朱元璋听到郑濂这样做，更加赞叹，想让郑濂出来做官，郑濂因年老而推辞。

朱元璋掌权后开始对富人进行打压，很多富家获罪而倾家荡产，乃至流放、被杀。郑氏家族几千人却安然无恙。有人诬告郑氏家族与逆贼有来往，官吏去郑家抓人，郑家兄弟六人争相要跟着官吏走，最终郑濂的弟弟郑湜争到了"机会"。

郑湜被抓到京中，当时郑濂恰好在京城，他去迎接弟弟，跟弟弟说："我是哥哥，应该我去抵罪。"弟弟说："哥哥你年纪大了，还是我入狱吧！"

郑氏兄弟两人争相入狱，消息传到朱元璋耳中，朱元璋叹息说："这样的兄弟，怎么可能跟着别人造反呢？"于是释放了郑氏兄弟，还授予郑湜一个参议的官职。

郑湜做官时间不长，但是很有政声。南靖百姓叛乱，有几百家百姓被牵连，关进牢中，郑湜怜悯他们，跟前来镇压的将领说明这些人是被诬陷的，这几百家百姓得以被释放回家。

洪武十九年（1386），郑濂被牵连到某个重案之中，他的堂弟郑洧听到堂兄受牵连，慨然叹道："我家被称为义门，先世有兄代弟死的，我就不能代替兄死吗？"于是自行入狱，把罪责揽到自己身上，被斩于市。

郑洧是宋濂的弟子，很有学问。他死后，乡人叹其义行，私谥"贞义处士"。

洪武二十六年（1393），东宫缺少官员，朱元璋让朝廷官员推荐"孝悌敦行者"，朝廷官员说："当然是郑氏家族的人。"朱元璋选拔郑濂的弟弟郑济为东宫官员，后来又征召郑濂的弟弟郑沂为官。

因为明太祖朱元璋大力提倡睦族，郑氏家族名声显赫。朱元璋死后，他的孙子建文帝继位，建文帝继承祖父遗志，继续提倡睦族，他亲笔书写"孝义家"三字赐给郑家。

明宪宗成化年间，再次表彰郑氏"孝义家"，郑氏家族成为大明王朝树立的家族和睦的榜样。

二

浦江郑氏家族能够和睦共处长达三百年，是因为郑氏家族有一部深入生活细节的《郑氏家范》（又称《郑氏规范》），这部家范让郑氏家族的人有了统一的思想和行为规范，将郑氏家族的人牢牢地联结在一起。

《郑氏家范》是一部非常完备的家族伦理法典，它是郑氏家族一代代人在理论探索和生活实践之中不断完善的。郑氏家族与宋明理学大师多有往来，《郑氏家范》中也渗透着宋明理学的理念。

浦江郑氏家族的始祖是郑淮。北宋神宗年间，少年郑淮奉父命来到浦江，跟浦江的朱先生读书。郑淮聪明好学，朱先生很喜欢他，并把自己的外甥女宣嘉许配给他，郑淮入赘宣家，从此在浦江安家，他的两个哥哥也搬到浦江居住。

北宋末年，金兵大举入侵，大批流民逃亡南方，他们缺衣少食，生活凄惨。郑淮心生怜悯，在宣嘉的支持下变卖家产救济灾民，导致自己家道败落。他的孙子郑绮小时候生活困难，不得不一边干农活一边利用空闲时间读书。

郑绮最让人称道的是他的品行。

郑绮的父亲被冤入狱，判处死刑，郑绮哭着去监狱探视父亲，狱吏不许他进去，他一边大哭一边用头撞监狱的大门，撞得头破血流。他上书为父亲申冤，请求代替父亲受刑，他的孝行感动了郡守，郡守查清他父亲的冤情，将他父亲释放出狱。

郑绮的母亲患有风挛，生活不能自理，郑绮每天抱着母亲上厕所，三十年如一日。郑绮的母亲喜欢喝白麟溪旁的泉水，有一年大旱，泉水干涸，郑绮挖地数十尺仍不见有泉水，他绝望地大哭。说来也怪，干枯的泉眼忽然有泉水流了出来，人们认为是他的孝行感动了上天，称那眼泉为"孝感泉"。

郑绮没有出来做官，只是一名普通百姓，他的事迹却记载在《宋史·孝义传》之中。郑绮从自身的经历中深感家族力量单薄会遭受欺压，他临死之前，把儿孙召到跟前，与他们歃血盟誓，让他们兄弟和睦，不要分家，如有违背遭天谴。

郑绮死后，他的儿孙们牢记他的遗言，父慈子孝，兄友弟恭，成为一个模范家庭。他的四世孙郑德璋为人刚正，惹下了仇人。

南宋灭亡以后，郑德璋被仇人陷害，即将往扬州治罪。他的哥哥郑德珪想代弟去死，他跟弟弟说："他们要陷害的人是我，跟你无关，我去把事情说明白，你去是白白送死。"于是悄悄收拾行装上路，郑德璋追到诸暨，才追上哥哥，兄弟两人抱头痛哭。

郑德珪半夜起身，再次出发从小道上跑往扬州，郑德璋追到扬州时，哥哥已经死了。他把哥哥的遗骨背回家，经常在哥哥的坟前落泪。哥哥的儿子郑文嗣从小病弱，郑德璋像抚养自己的儿子一样抚养哥哥的儿子。

郑德珪、郑德璋兄弟的事迹不仅影响了后来的郑濂、郑湜兄弟，也深深触动了郑德璋的儿子郑文融，他从父辈身上看到什么是兄弟之间的深厚友谊，看到了家族和睦才能互相帮扶渡过难关。

郑氏家族从郑绮开始不断制定家族规则，但是没有系统化。郑文融的父亲郑德璋想制定一部完善的家范，作为郑氏家族共同的行为准则，但受种种因素影响没能完成。为了让郑氏家族更好地繁衍生息，遇到困难时和衷共济，郑文融决心继承父亲遗志，给郑氏家族制定一部成文家范。

被称为明王朝"开国文臣之首"的宋濂长期在郑氏家族创办的书院里读书、教书，宋濂还把自己的次女许配给郑氏为媳。郑文融制定《郑氏家范》时，宋濂给了他很大帮助。

郑文融制定的《郑氏家范》共三卷、五十八则。后人不断在他的家范基础上增补完善，他的儿子郑钦增至七十则，他的侄子郑铉增至九十二则。到郑濂这一代，郑氏兄弟共同商议增删，将《郑氏家范》确定为一百六十八则，这就是现在通行的《郑氏家范》。

三

郑氏家族以"孝义"而闻名，也把"孝义"当作家范的核心思想，以"孝义"作为家族的核心凝聚力。

郑氏家族的"孝"首先体现在对祖宗的敬重上。《郑氏家范》规定郑氏家族立祠堂一所，供奉先祖神位，家族有重大事情必须到祠堂禀告祖宗，每月初一、十五必须到祠堂祭拜祖宗，每逢传统节日向祖宗供奉时鲜果品，一年四季都按《文公家礼》的规定，每季在仲月望日举行祭拜仪式，祭拜完毕，再举行会拜之礼。

《郑氏家范》前十一条都与祭祀有关，规定祭祀时要衣冠端正，神色肃穆，不能嬉笑、说话，不能打哈欠、伸懒腰、打嗝、打喷嚏、咳嗽，失容要受到惩戒。祭田、祭器不许买卖、挪用。祖坟要按时祭拜，坟茔、墓碑有损坏要及时修缮，祖坟附近的竹林、树木不能随意砍伐。四月一日是义门郑氏始祖郑淮的生日，也是郑氏家族的一个重大祭日。

俗话说"家有千口，主事一人"，郑氏家族的"孝"还体现在对家长的尊重上。在郑氏家族中，家长有着崇高地位，上至祭祀祖先、资金筹划，下至日常检查、子孙惩戒，都由家长负责。但是家族具体事务不是家长一人统揽，而是由典事、监事、主记、羞膳长、掌膳、知宾等专人负责，确立起一个以家长为核心、分工明确的管理体系。

郑氏家族的"义"主要体现在对郑氏族人和乡邻的救助上。《郑氏家范》谆谆教导郑氏子弟一定要与乡邻和睦相处，"宁我容人，勿使人容我"，不倚仗族大人多欺压乡邻，不谋夺乡邻的财产。《郑氏家范》规定，郑家设义冢一座，给无子女的过世族人和乡邻提供棺材，葬入义冢；设一座义祠，祭祀无子孙后人的族人；公堂设药市一处，收购药材，给有病的族人和乡邻提供医药；时常接济族人和乡邻中的鳏寡孤独之人，乡邻中有缺衣少食的，根据实际情况借给他们米粮。秋收粮价低廉时收购五百石粮食，专门储存，乡邻青黄不接难以度日时，以收购价卖给乡邻。如果家有余资，要多承担修路、架桥等公益事业。

对于租种郑氏家族田产的佃户，《郑氏家范》规定不得随便提高地租，也不能巧立名目，向佃户收取佃麦、佃鸡等物。佃农交不上租子时要及时催讨，但是不能威逼他人，也不能因为他们延期交租而收取利息。

购买田产时，如果卖方是迫于生活压力不得不变卖田产，一定要公平合理地估价，给足对方价钱，不要趁机压低价格，做欺天害人之事，也不要把本该自己负担的粮税分摊到别人的田产之中，让别人向官府加倍纳税。

郑氏家族非常注重教育，《郑氏家范》规定郑氏子孙四岁入祠堂听讲书，遇到祭祀活动时则站在一旁学礼仪，八岁入小学，十二岁跟随外面的老师读书，十六岁读大学。郑氏子孙十六岁以后举行冠礼，硬性指标就是能够背诵四书五经，说出书中每篇的大意，做不到就延期到二十一岁举行冠礼。弟弟先达标就先给弟弟举行冠礼，以此来激励哥哥。

郑氏家族先后有一百多人出仕为官，《郑氏家范》教育这些出仕为官的郑氏子弟，要"以报国为务，抚恤下民"，百姓有冤案，要查明实情。不能搜刮百姓一丝一毫，如果俸禄不够用，郑氏公堂会拨一些资产补贴他的生活。《郑氏家范》严厉规定，郑氏子孙若是贪官，生前从族谱上除名，死后不许入祠堂。因为《郑氏家范》不断打预防针，郑氏子弟为官者人人清廉，无一人贪腐。

四

义门郑氏族大人多，矛盾无法避免，而尽可能减少矛盾的最佳方式是保证公平，唯公平才能把矛盾消灭在萌芽状态。

《郑氏家范》在维持公平上做到了极致。每天天亮，族中所有男女听到钟声起床，洗漱完毕，到父母房中请安，听专门安排的人宣读诫言，然后男女分别到不同的食堂中就餐，不许自己开小灶做饭。衣服鞋帽和所有日用品由公堂统一购买、统一发放，族中子弟不能私藏财产，不能私自购买田产，不能私自接受亲友礼物，不能私自托人购买生活用品。哪怕女婿拜访岳父母，外孙看望外公外婆，姻亲第一次上门，也只能接受或赠送规定的礼品，不能私自接受女婿或亲戚家的礼物。

郑家嫁出去的女儿生孩子，只在生第一个孩子时赠送礼物，再生孩子一律不再送礼，只派人送食物慰问，以免女儿们多生多收礼，少生少收礼，引发矛盾。郑家的儿媳娘家贫富不一，有人嫁妆丰厚，有人嫁妆微薄，公堂视情况给后者发放一些东西，以免生活差距过大。

郑家媳妇轮流主持家膳，年过六十才能免除主膳工作。平时女眷一起吃饭，一起纺纱织布，唯有养蚕是发放蚕种各家自己养，养好的蚕要上交公堂一起缫丝，养得好会有奖励。

郑氏家族为了保证所谓的公平，为了杜绝一切可能出现的隐患，在有些细节上过于严苛，比如《郑氏家范》规定，郑氏子弟不得下棋、听曲，不得养虫鸟，不得养飞鹰猎犬，几乎杜绝了一切娱乐。

《郑氏家范》对女眷的要求更高，规定郑氏媳妇一旦嫁入郑家，除父母和兄弟姐妹以外，不能再见任何亲戚，有亲戚拜访一定要在天黑前送客，天黑之后不再见面。父母去世以后，女眷不许再回娘家，即使娘家有喜丧之事必须祝贺或吊唁，也只能由家族委托别人代办。女孩在八岁以前可以跟随母亲去外祖母家，八岁之后不能再去外祖母家。《郑氏家范》关于女性的规定也有值得肯定之处，那就是不许为了节省嫁妆而溺杀女婴，这一点体现了对生命的尊重。

总之，郑氏家族制定《郑氏家范》是为了家族延续，而不是为了个体发展，在保证个体生存的大前提下，很多规定过分强调共性而抹杀个性，为减少差异而压制个体需求。

郑氏家族用三百年和睦共处证明了《郑氏家范》的重要意义，随着郑氏家族人数膨胀，管理难度也越来越大，终于在天顺年间，一场大火终结了郑氏家族的传奇。

妻贤夫祸少，子孝父心宽

——周希陶《增广贤文》

一

公元前 66 年七月，长安城里热浪滚滚，只见一队人马迅速集结，包围了一座豪华府邸，把府里那些衣着华丽的男女不由分说地抓出来，押赴刑场，一一正法。

被杀的是霍光的家属。

霍光是三朝老臣，一生谨慎，忠于职守，他辅政二十余年，人们称赞他功比周公、伊尹。霍光去世以后，汉宣帝给他举行隆重葬礼，把他陪葬在汉武帝的茂陵墓。

霍光做到了"修身"，却没做到"齐家"，他娶了个骄横跋扈的妻子，他的妻子姓不详，名显。显在霍光生前就总是惹是生非，霍光死后她仍然不知收敛，最终酿成大祸。

平日里霍光忙于公务，孩子由显教育，而显是个不会约束自己的母亲，又怎么可能会教育孩子？她的儿女们跟她一样奢侈享乐，无法无天。

汉宣帝继位以后，显想把小女儿霍成君送进宫当皇后。但是，汉宣帝与皇后许平君感情很好，他不想抛弃结发之妻。显想出一个毒计，她收买宫廷女医淳于衍，让她在许皇后的药里下毒，把许皇后毒死。

许皇后死后，显如愿以偿把女儿霍成君送进宫当上了皇后。她发现汉宣帝立许皇后的儿子为太子，又生起气来，她说："我女儿将来生了儿子，只能做个王爷不成？"

显又指使霍成君企图在许平君儿子的食物里投毒，想把许平君的儿子毒死。由于汉宣帝提高了警惕，显的阴谋没有得逞。

公元前68年，霍光去世，霍家的靠山倒了。

如果显是个聪明女人，就会想到，霍家的荣华富贵建立在丈夫的功劳之上，丈夫死了，一家人就该收敛收敛。谁知显丝毫没有危机感，反而因为霍光死了，没有人管束她，更加肆无忌惮地享乐。

她把霍家的宅第造得规模更宏大，还造了一辆豪华小车，车内铺着锦绣垫子，车身涂有黄金，车辕辘用丝絮包裹，让侍女用五彩线拉着她在府中转悠。

他们发现汉宣帝对他们很不满，但是他们不是选择低调避祸，而是想发动政变，废掉汉宣帝，另立一位皇帝。

一群乌合之众能搞成什么事？还没来得及动手，他们的阴谋败露，汉宣帝把他们一网打尽，新账旧账一起算，最终霍家被灭族。

二

公元 141 年，大将军梁商病重。

他把儿子梁冀叫到跟前，嘱咐他："我这一生对朝廷没有大功，死后不要浪费国家的钱财。我死以后，给我穿平时穿的衣服，不用制作新衣，不要给我口中含上珠玉。祭祀用普通食物就行，不要用猪牛羊三牲大礼。你是孝子就听我的话，不要违背我的遗愿。"

梁商是东汉开国功臣梁统的后代，梁家世代与皇帝联姻，家中出过三位皇后，六位贵人，子孙封侯、当大将军的更多，可谓权势遮天。

梁商一生低调谦虚，但他像霍光一样，只重视"修身"，不重视"齐家"，每次他的儿子梁冀在外面胡作非为，他都只是批评儿子，没有责令儿子改正。

梁商死后，梁冀逐渐"放飞自我"，他把梁宅建得跟皇宫似的，雕梁画栋，华丽无比。他喜欢打猎游玩，就造了一座方圆近千里的园林。他喜欢养兔子，就又造了一个方圆数十里的兔园，里面的兔子身上都刻着记号，不允许人们狩猎，有人误入园中就要被处死。

他的俸禄和皇帝的赏赐不够他挥霍，他就派遣爪牙到各地掠夺民财，有时他还亲自出面抢夺他人钱财，他强迫大富翁孙氏兄弟借给他五千万两，孙氏兄弟不同意，他就把孙氏兄弟关入牢中，拷打致死，兄弟二人的亿万财富都落入他的囊中。

　　梁冀的妻子孙寿对他的恶行不但不劝阻，反而跟他一起胡作非为。她跟梁冀一人一座府第，互相比赛谁的府第更豪华，谁的马车更华丽，谁的服装更奇异。

　　梁冀夫妻奢侈无度、杀人越货的行为，让很多正直的官员看不惯，他们上书指责梁冀，都被梁冀杀害。梁冀父亲的好友因为向梁冀父亲打过小报告，也被梁冀派人暗杀。

　　后来梁冀更加肆无忌惮，公然废立皇帝，不听话的小皇帝就被他暗杀，还杀害了两位德高望重的官员，即李固和杜乔。

　　梁冀的恶行后来终于得到报应，不甘心做傀儡的汉桓帝在亲信宦官的帮助下率领卫士包围了梁冀的府第，梁冀夫妻自杀，梁家被满门抄斩。

三

　　《增广贤文》上说"妻贤夫祸少，子孝父心宽"，真是至理名言。

　　世间至爱莫过夫妻，至亲莫过父子（包括父女、母女、母子）。亲人除了生活中互相提携、互相帮助，还应该互相提醒、互相纠正，把对方当作自己的镜子，也把自己当作对方的镜子，互相映照对方的优点，彼此纠正对方的缺点。这样的家庭关系才是良性的。

　　同样是汉代，有一个姓名都没留下来，人们用她丈夫的名字称她为"乐羊子妻"的女人，用她的言行证明了一个贤良女子对丈夫人格和学业上的促进作用。

　　乐羊子妻是个平凡女子，却有着很不平凡的见识。

　　有一天，乐羊子乐颠颠地跑回家，从怀里神神秘秘地拿出一块金子，跟妻子说："这是我在路上捡的，你快收起来。"

　　原来乐羊子在野外走路时，看到地上有一块黄灿灿的东西，他捡起来一看，是一块金子，他向四周一看，一个人都没有。他心中大喜，把金子揣在怀里，喜滋滋地跑回家，想跟妻子分享他的快乐。

　　然而，他的妻子脸上一点也不高兴，她说："我听说志士不饮盗泉之水，廉者不受嗟来之食，何况是捡拾别人丢的东西，谋求私利来污损自己的德行呢！"

　　乐羊子听了妻子的话感到很惭愧，把金子丢弃在了野外。

　　乐羊子想外出求学，妻子大力支持他，说家中的事有我呢，你安心求学好了。

　　乐羊子得到妻子的支持，背起书箱外出求学去了，谁知他刚出去一年，就背着书箱回家了。他的妻子正在织着布，看到丈夫回来了，问他为什么突然回家。乐羊子闷闷不乐地说："求学太没意思了，我想家，不想去读书了。"

　　他的妻子听了没有说话，去厨房拿了一把刀，来到织布机跟前，指着织布机上的布跟他说："我一根线一根线地织布，不停地织下去，就织成了一匹布，我现在割断，这匹布就废了。你求学跟我织布一样，中途而归，学业就废了。"

　　乐羊子听了妻子的话深受触动，背起书箱，继续外出求学，最终完成了学业。

　　乐羊子妻这样的女子，才是明事理、爱丈夫的妻子。因为她让丈夫成了一个更美好的人。在丈夫的贪欲刚刚萌芽时及时掐灭，在丈夫走上弯路时及时提醒，让他拥有美好的德行和坚毅的品质，从而获得人格与学业的进步。

　　如果霍光和梁冀有一位乐羊子妻这样的妻子，他们的家族怎么会有后来的悲剧？

四

　　《增广贤文》又名《昔时贤文》《古今贤文》，是一本摘录古代贤人文字之书，作者不详，最晚出现于明代，清朝同治年间的儒生周希陶对它进行过重订。由于明清两代文人不断给它增补内容，故称《增广贤文》。

　　《增广贤文》集结中国从古到今的各种格言、谚语。

　　"三人行，必有我师焉。择其善者而从之，其不善者而改之"出自《论语》，"天时不如地利，地利不如人和"出自《孟子》，"一夫不耕，全家饿饭，一女不织，全家受寒"出自贾谊的《论积贮疏》。

　　"有心栽花花不开，无心插柳柳成荫"在关汉卿的杂剧《包待制智斩鲁斋郎》中就出现过，"宁可信其有，不可信其无"在元杂剧《盆儿鬼》中出现过。

　　"城门失火，殃及池鱼"出自东汉应劭的《风俗通义》，"近水楼台先得月，向阳花木易为春"出自宋代苏麟的《断句》。

　　《增广贤文》是文人集体创作的，因此它的内容有些驳杂，也有思想混乱之处，总体来说，书中关于人际关系与处世法则的内容居多。

书中有很多教人向善的语句，诸如："宁可人负我，切莫我负人""酒中不语真君子，财上分明大丈夫""贫贱之交不可忘，糟糠之妻不下堂""为人不做亏心事，半夜敲门心不惊""十分伶俐使七分，常留三分与儿孙"。

有很多关于家庭成员的角色与关系的语句，诸如："妻贤夫祸少，子孝父心宽""百世修来同船渡，千世修来共枕眠""天下无不是的父母，世上最难得者兄弟""一家之计在于和，一生之计在于勤""儿孙自有儿孙福，莫为儿孙做马牛"。

有很多关于读书与教育子女的语句，诸如："读书须用意，一字值千金""一寸光阴一寸金，寸金难买寸光阴""养子不教如养驴，养女不教如养猪""不求金玉重重贵，但愿儿孙个个贤""积钱积谷不如积德，买田买地不如买书"。

有很多感叹命运强大、人心险恶的语句，诸如："万般皆是命，半点不由人""命里有时终须有，命里无时莫强求""画虎画皮难画骨，知人知面不知心""贫居闹市无人问，富在深山有远亲""莫信直中直，须防仁不仁"。

《增广贤文》与《菜根谭》一样，语言简练，内容警醒，经常被人们摘出一些句子，用来教育子女及其他家人，一定程度上起着家训的作用。它的部分内容本来就出自家训，比如"责人之心责己，恕己之心恕人"在范纯仁的《诫子弟》中出现过。

　　《增广贤文》中有一些夸大人性之恶以及自相矛盾的内容，故而用它当家训时只能摘部分语句，不能全篇引用，否则内容芜杂，反而不知所从。

（三）

温
厚

心术不可得罪于天地，言行皆当无愧于圣贤

——《钱氏家训》

一

后梁乾化二年（912），吴越王钱镠向他的儿孙公布了八条家训。钱镠的谥号是"武肃王"，因此人们称这八条家训为"武肃王八训"。

"武肃王八训"和后来的"武肃王十训"是吴越钱氏家训的基础。

"武肃王八训"内容如下：

一曰：吾祖自晋朝过江，已经二十七代。承京公枝叶，居住安国。吾七岁修文，十七岁习武，二十一上入军。江南多事，溪洞猖獗。训练义师，助州县平溪洞。寻佐陇西，镇临石镜。又值黄巢大寇奔冲，日夜领兵，七十来战。固守安国、余杭、於潜等县，免被焚烧。自后辅佐杭州郡守，为十三部指挥使。值刘

汉宏谶起金刀，拟兴东土。此时挂甲七年，身经百战，方定东瓯，初领郡印，寻加廉察。又值刘浩作乱于京口，将兵收服，即绾浙西节旄。又值陇西僭号，诏敕兴兵，三年收复罗平。蒙大唐双授两浙节制，加封郡王。自是恭奉化条，匡扶九帝，家传衣锦，立戟私门。梁室受禅，三帝加爵，封锡国号。后唐兴霸，重封国号，玉册金符专降，使臣宣扬帝道，受非常之叨忝，播今古之嘉名。自固封疆，勤修贡奉。吾五十年理政钱塘，无一日耽于三惑，孜孜矻矻，皆为万姓三军。子父土客之军，并是一家之体。

二曰：自吾主军，六十年来，见天下多少兴亡成败。孝于家者十无一二，忠于国者百无一人。予志佐九州，誓匡王室。依吾法则，世代可受光荣。如违吾理，则一朝兴亡不定。

三曰：吾见江西钟氏，养子不睦，自相图谋。亡败其家，星分瓦解。又见河中王氏、幽州刘氏，皆兄弟不顺不从，自相鱼肉，构讼破家，子孙遂皆绝种。又见襄州赵氏、鄂州杜氏、青州王氏，皆被小人斗狯，尽丧家门。汝等兄弟，或分守节制，或连绾郡符，五升国号，一领藩节。汝等各立台衡，并存功业。古人云：妻子如衣服，衣服破而更新；兄弟如手足，手足断而难续。汝等恭承王法，莫纵骄奢。兄弟相同，上下和睦。

四曰：为婚姻须择门户，不得将骨肉流落他乡，及与小下之家，污辱门风。所娶之家，亦须拣择门阀。宗国旧亲，是吾乡县人物，粗知礼仪，便可为亲。若他处人，必不合祖宗之望。

五曰：莫欺孤幼，莫损平民。莫信谗人，莫听妇言。

六曰：两国管内绫绢绸棉等财，盖谓吾广种桑麻。斗米十文，盖谓吾遍开荒亩。莫广爱资财，莫贪人钱物。教人勤耕种，岁岁自得丰盈。

七曰：吾家门世代居衣锦之城郭，守高祖之松楸。今日兴隆，化家为国。子孙后代莫轻弃吾祖先。

八曰：吾立名之后，须在子孙绍续家风，宣明礼教。子孙若不忠、不孝、不仁、不义，便是破家灭门。千叮万嘱，慎勿违训。

钱镠在家训中先向儿孙讲述自己创业之艰苦，让儿孙勿安于富贵，又讲述他见到和听到的骨肉相残导致败家灭门的故事，让他的儿孙和睦团结，在婚姻之事上谨慎，爱护弱势群体，不要损害平民利益，不要听信谗言，不要贪图财物，勿忘祖宗，绍续家风。

二

后唐长兴三年（932），八十一岁的钱镠病重，临终前，他再次向儿孙公布家训。此次公布的家训共十条，人称"武肃王遗训"或"武肃王十训"。

"武肃王十训"内容如下：

余自束发以来，少贫苦，肩贩负米以养亲，稍有余暇，温理《春秋》，兼读《武经》。十七而习兵法，二十一投军。适黄巢叛，四方豪杰并起，唐室之衰微，皆由文官爱钱，武将惜命，托言讨贼，空言复仇，而于国计民生，全无实济。余世沐唐恩，目击人情乖忤，心忧时事艰危，变报络绎，社稷将倾。余于二十四得功，由石镜镇百总枕甲提戈，一心杀贼，每战必克。大江以内十四州军，悉为保障。故由副使迁至国王，垂五十余年，身经数百战。其间叛贼诛而神人快，国宪立而忠义彰。无如天方降祸，霸主频生，余固心存唐室，惟以顺天而不敢违者，实恐生民涂炭。因负不臣之名，而恭顺新朝，此余之隐痛也。

尔等现居高官厚禄，宜作忠臣孝子，做一出人头地事，可寿山河，可光俎豆，则虽死犹生。倘图眼前富贵，一味骄奢淫逸，死后荒烟蔓草，过丘墟而不知谁者，则浮生若梦矣。

十四州百姓系吴越之根本，圣人有言：敬事而信，节用而爱人，使民以时。又云：恭则不侮，宽则得众，信则民任焉。敏则有功，惠则足以使人。又云：省刑罚，薄税敛。又云：惟孝友于兄弟。此数章书，尔等少年所读，倘常存于心，时刻体会，则百姓安而兄弟睦，家道和而国治平矣。至元渊、元琛、元璠、元璹、元㻒、元禧，俱系幼稚，不特现在之饮食教训，均宜尔等加意友爱，即成人婚配，亦须尔等代余主持。元璲、元曜、元璛等，中年逝世，遗子尚小，亦宜教养怜惜，视犹己子，毋分彼此。将吏士卒，期于宽严并济，举措得宜，则国家兴隆。余之化家为国，凤篆龙纶，堆盈几案，实由敬上惜下、包含正气而能得此。每慨往代衰亡，皆由亲小人远贤人，居心傲慢，动止失宜之故。正所谓德薄而位尊，智小而谋大，未有不遭倾覆之患也。尔等各守郡符，须遵吾语。

余自主军以来，见天下多少兴亡成败。孝于亲者，十无一二。忠于君者，百无一人。是以：

第一：要尔等心存忠孝，爱兵恤民。

第二：凡中国之君，虽易异姓，宜善事之。

第三：要度德量力而识时务，如遇真主，宜速归附。圣人云：顺天者存。又云：民为贵，社稷次之。免动干戈，即所以爱民也。如违吾语，立见消亡。依我训言，世代可受荣光。

第四：余理政钱塘五十余年如一日，孜孜矻矻，视万姓三军并是一家之体。

第五：戒听妇言而伤骨肉。古云：妻妾如衣服，兄弟如手足。衣服破，犹可新，手足断，难再续。

第六：婚姻须择阀阅之家，不可图美色而与下贱人结褵，以致污辱门风。

第七：多设养济院收养无告四民，添设育婴堂，稽察乳媪，勿致阳奉阴违，凌虐幼孩。

第八：吴越境内，绫绢绸绵，皆余教人广种桑麻，斗米十文，亦余教人开辟荒亩。凡此一丝一粒，皆民人汗积辛勤，才得岁岁丰盈。汝等莫爱财无厌征收，毋图安乐逸豫，毋恃势力而作威，毋得罪于群臣百姓。

第九：吾家世代居衣锦之城郭，守高祖之松楸，今日兴隆，化家为国，子孙后代，莫轻弃吾祖先。

第十：吾立名之后，在子孙绍续家风，宣明礼教，此长享富贵之法也。倘有子孙不忠、不孝、不仁、不义，便是坏我家风，须当鸣鼓而攻。千叮万嘱，慎体吾意，尔等勉旃，毋负吾训。

"武肃王十训"与"武肃王八训"内容上大致相似，只是语言上更有条理，更清楚易懂，也更便于记忆。

三

北宋太平兴国三年（978），钱镠的孙子钱俶面临着一个艰难的选择：是跟北宋对抗还是归附北宋？跟北宋对抗，会让吴越国百姓遭殃；主动归附北宋，就会失去祖父创立的基业。

钱俶想起祖父遗训中教导"如遇真主，宜速归附""民为贵，社稷次之。免动干戈，即所以爱民也"，决定不做徒劳无益的对抗，以免吴越百姓跟着遭殃。他向祖父的陵庙哭泣拜别之后，转身向北宋的都城走去，向北宋皇帝表示，愿去掉国号，纳土归宋。

从此钱氏子孙成为北宋臣民，他们没有消沉，而是勤奋读书，努力生活，让钱氏家族从割据一方的诸侯转变为文化名门。此后一千多年的时间里，钱氏家族走出了无数名人。

民国初年，钱镠后人钱文选在"武肃王八训""武肃王十训"的基础上编纂"钱氏家训"。"钱氏家训"以"修、齐、治、平"的理念为核心价值，分为"个人""家庭""社会""国家"四部分，共五百余字。

个人篇

心术不可得罪于天地，言行皆当无愧于圣贤。

曾子之三省勿忘，程子之四箴宜佩。

持躬不可不谨严，临财不可不廉介。

处事不可不决断，存心不可不宽厚。

尽前行者地步窄，向后看者眼界宽。

花繁柳密处拨得开，方见手段；

风狂雨骤时立得定，才是脚跟。

能改过则天地不怒，能安分则鬼神无权。

读经传则根柢深，看史鉴则议论伟；

能文章则称述多，蓄道德则福报厚。

家庭篇

欲造优美之家庭，须立良好之规则。

内外六间整洁，尊卑次序谨严。

父母伯叔孝敬欢愉，妯娌弟兄和睦友爱。

祖宗虽远，祭祀宜诚；子孙虽愚，诗书须读。

娶媳求淑女，勿计妆奁；嫁女择佳婿，勿慕富贵。

家富提携宗族，置义塾与公田；岁饥赈济亲朋，筹仁浆与义粟。

勤俭为本，自必丰亨；忠厚传家，乃能长久。

社会篇

信交朋友，惠普乡邻。

恤寡矜孤，敬老怀幼。

救灾周急，排难解纷。

修桥路以利从行，造河船以济众渡。

兴启蒙之义塾，设积谷之社仓。

私见尽要铲除，公益概行提倡。

不见利而起谋，不见才而生嫉。

小人固当远，断不可显为仇敌；

君子固当亲，亦不可曲为附和。

国家篇

执法如山，守身如玉；

爱民如子，去蠹如仇。

严以驭役，宽以恤民。

官肯著意一分，民受十分之惠；

上能吃苦一点，民沾万点之恩。

利在一身勿谋也，利在天下者必谋之；

利在一时固谋也，利在万世者更谋之。

大智兴邦，不过集众思；大愚误国，只为好自用。

聪明睿智，守之以愚；功被天下，守之以让。

勇力振世，守之以怯；富有四海，守之以谦。

庙堂之上，以养正气为先；海宇之内，以养元气为本。

务本节用则国富，进贤使能则国强；

兴学育才则国盛，交邻有道则国安。

四

乱世出豪杰，吴越王钱镠就是一个乱世里涌现出来的豪杰。钱镠出生于临安（今浙江杭州）一户普通人家，少年时贩盐养家。他胸怀大志，一有时间就读书，二十四岁投身军队，屡立战功，被唐朝皇帝封为吴王。

钱镠生活的唐末和五代是黑暗混乱的时代，唐朝皇帝已经没有能力约束各地野心勃勃的军阀，盐贩子出身的黄巢率义军横扫南北，节度使互相攻击，竞相称帝。

钱镠的可贵之处在于，他生于乱世，受益于乱世，却有着盛世的眼光。他敏锐地意识到当时的社会失序造成了道德滑坡，这是很多人家兄弟纷争、骨肉相残的根源。

因此他强调子女的婚姻一定要"择门户"，选择"阀阅之家"。"阀阅之家"延续着唐朝盛世建立起来的秩序，他们残存着盛世的道德感，血液里流淌着文化的基因，与他们的子女"结褵"，意味着可以继承他们的秩序感、道德感与文化基因。

在总结那些破败之家的教训时，钱镠意识到端正家风的重要性。因此，他二十年里两次制定家训，让子孙永远遵守。

有很多跟钱镠同时期的依靠兵强马壮称王称帝之人，他们的后代消散如云烟，只有钱氏家族千年不衰、后代名人辈出。我们熟知的很多近现代科技和文化领域名人，如钱穆、钱玄同、钱锺书、钱学森、钱三强、钱伟长等人，都是吴越钱氏的后人。

这不能不说是钱镠眼光超前，给儿孙留了回旋的余地和转型的可能。

钱氏家训是吴越王钱镠和他的子孙留给后世的宝贵财富，2021 年，"钱氏家训家教"被列入第五批国家级非物质文化遗产代表性项目名录拓展项目名录，成为第一个国家级家训非遗项目。

做好人，眼前觉得不便宜

——高攀龙《高氏家训》

一

人生于天地之间，什么是最重要的？

明代东林党领袖高攀龙认为，做人是最重要的。他在《高氏家训》中说："吾人立身天地间，只思量做得一个人，是第一义，余事都没要紧。"

在高攀龙心里，"做得一个人"是天下最要紧的事，别的事都不要紧。这听上去似乎很没道理，"做得一个人"固然要紧，也不能说别的事都不要紧，难道吃饭不要紧？穿衣不要紧？求学不要紧？工作不要紧？拓展人脉不要紧？

但仔细想来，高攀龙说的是有道理的，世间之事，具体的易，抽象的难。

比如"勤快"，让一个人勤快一天，这很容易，哪怕是让他凌晨两点钟起床干活，他咬咬牙也就起来了，让他手脚不停地干一天活，他坚持坚持，也就坚持下来了。

可是让他做一个"勤快的人"，这就不容易。

一个人要做个勤快的人，只在一件事情上勤快不行，只勤快一天也不行。勤快一个月，甚至一年，然后懒散下来，也不行。要想做个勤快之人，就要持之以恒，把勤快当作一种信念，植入骨髓，深入灵魂，时时刻刻，月月年年，总要找件事做，才觉得人生充实。

像袁衷的母亲李氏，八十岁还每天纺纱，儿媳心疼她，让她不必那么劳累，她说："古人有一日不作一日不食之诫，我辈何人，可无事而食？"她信奉人吃饭就要劳作，不劳而食是不对的。劳作对她来说像呼吸一样自然、不可或缺，这才是真正的勤快之人。

再比如"正直"，让一个人正直一天容易，在一件事上正直容易，但做到一生正直就很难。很多贪赃枉法被抓捕的官员，看看他们的生平，他们不是一直堕落，他们也曾胸中澎湃着激情，也曾在某些时刻良心发现，做了些利国利民的事情，只是他们没能坚持下来。

"做得一个人"，这句话没有任何修饰词，把"勤劳""勇敢""忠诚""节俭""善良""正直""仁慈"这样的修饰词都去掉了，只留下一个本真的"人"，这才是最难做的。

"好玉不雕"，好的食材不乱加作料，保持食材本真状态的烹饪是最难的，不放重味调料，全靠本身的品质取胜。做人亦是如此，做个本真的人最难，任何虚伪浮饰都要不得，要始终有一颗赤子之心，无论何时何地，都不忘初心。

但是，一天到晚像个孩子那样天真烂漫也不行，一个完全处于自然状态没有社会化的人，是一只兽，是一个闯进人类社会的莽夫。只有经过文明礼仪的"驯化"，一个人才会呈现出"谦谦君子，温润如玉"的美好状态。

"做得一个人"，不顽强不行，不柔韧不行，不勇敢不行，不坚毅不行，不忠诚不行，不善良不行，不慈悲不行，不孝顺不行，不友爱不行，没有正义感、责任心也不行。

要将种种美好的品质糅合在一起，互相砥砺、互相渗透，形成一种温润特质，从生命的深处向外散发，不刻意做好人，却天然是好人的状态，这才算"做得一个人"。

所以一个人要是真正能"做得一个人"，那真是没要紧的事了。

二

《伊索寓言》说：我们每个人都背着两只口袋，一只口袋里装着别人的缺点，一只口袋里装着自己的缺点，我们把装着别人缺点的口袋放在胸前，把装着自己缺点的口袋放在背后，所以我们看见的都是别人的缺点，却看不见自己的缺点。

这则寓言真是洞察人性。

我们对自己的评价总是跟别人对我们的评价不一致。我们总是对自己的毛病视而不见，即使承认自己有毛病，也认为自己的毛病是可以原谅的。自己本质不坏，只是由于某些原因不得已做了些不好的事。

卡耐基在《人性的弱点》一书中讲过两个故事。

1931 年 5 月 7 日，纽约警察与一名逃犯枪战两小时，这个逃犯被警察包围在他的女友家，身负重伤，走投无路，他捂着伤口写了一封公开信。他在信中这样描述自己："在我的身躯下隐藏着一颗疲惫的心，但这是一颗善良的心——一颗不会伤害任何人的心。"

在美国芝加哥市活跃着一个罪行累累的黑帮，黑帮头目是一个邪恶的全民公敌，他却坚信自己是一位大善人。他满腔怨愤地说："我把我一生中最好的时光都奉献给了别人，让别人过上了更好的生活，但是我所得到的只有耻辱和被别人追捕的下场。"

一个杀人如麻的逃犯，一个臭名昭著的黑帮头目，都认为"我心本善"，我们当然更有理由认为自己是善良的。

可是，我们认为自己本性善良，为什么让我们做好人，很多人就不愿做了呢？

高攀龙一语道破本质："做好人，眼前觉得不便宜。"很多人不愿做好人，是认为做好人会吃眼前亏。为了不吃眼前亏，就不做好人了。

《红楼梦》中的贾雨村，上任应天府知府第一天审案，遇到两个买主抢夺一个女孩子，一个买主把另一个买主打死了，这个打死人的凶犯是他的恩人贾政的外甥，两个买主抢夺的女孩子是他的另一个恩人甄士隐被拐卖的女儿。他如果想做好人，就应当把凶犯缉拿归案，按律判刑，并把被拐卖的女孩子送回家与亲人团圆。可是那样，他在官场就没法混了。为了不吃眼前亏，他选择了与坏人同流合污，放走打死人的凶犯，对恩人之女坐视不救。

我们寻常人很难遇到这样强烈的法律与人情、利益与良心的冲突，我们遇到的大都是些鸡毛蒜皮的小事，可是在小事上，我们也会衡量利弊，想到自己要吃亏，就放弃了做好人。

高攀龙认为，这种想法是不对的。他说："做好人，眼前觉得不便宜，总算来是大便宜。做不好人，眼前觉得便宜，总算来是不大便宜。"

吃亏有吃小亏和吃大亏之分。做好人，眼前吃小亏，日后算总账，命运已在别的地方补齐了。做不好的人，眼前不吃亏，日后算总账，命运在别的地方给他挖了坑，终究还是要吃大亏。

《红楼梦》中王熙凤的命运很好地诠释了这一点。

王熙凤精明贪婪，善于捞钱。她为了三千两银子酬金，拆散一桩婚姻，致使一对未婚男女殉情而死。她挪用丫鬟小姐们的月钱放贷，一年翻倍出上千两银子。她过生日，也要从两个穷姨娘身上刮二两银子。

她用一切机会捞钱，看上去一点没吃亏，实际上她因此在贾府内外得罪了很多人。赵姨娘串通马道婆用巫术害她，差点让她丢了命。她算计来的钱也没保住，贾府被抄家时，她的银子全被抄走。

这就是"做不好人，眼前觉得便宜，总算来是不大便宜"。

王熙凤偶尔也会施些小恩小惠，对于有些她喜欢或同情的人，她会送一些衣物或银两资助他们。这看上去是吃亏的事情，却让她得到了福报。贾府败落以后，她的女儿流落烟花巷，受过她资助的刘姥姥把她的女儿救了出来。

这就是"做好人，眼前觉得不便宜，总算来是大便宜"。

三

怎样才能做个好人？

高攀龙认为，要想做个好人，首先要明理。明理就是要明辨是非，一个人是非不辨，做了小人，自己也不知道。"故圣贤教人，莫先穷理，道理不明，有不知不觉堕于小人之归者"。一个人有了明辨是非的能力，才知道怎样做是对，怎样做是错。明理的一个重要途径是读书，多读圣贤之书，通晓书中奥义。做人的道理，圣贤都写在书上了。

其次是要有识人之明。不要厌恶狂狷之人，而只与庸俗之人交往。交往的都是庸俗之人，自己也会成为庸俗之人，就会与小人亲昵，与君子有仇，这是最不好的，天下人犯这个毛病的不少。也不要只喜欢有才之人，有些小人有才无德，这样的人不能交往，要多与忠诚、有信用的人交往，这样才不会为小人所惑。

再次是有包容之心，学会爱别人。

临事让人一步，自有余地；临财放宽一分，自有
余味。

善须是积，今日积，明日积，积小便大。

爱人者人恒爱之，敬人者人恒敬之。

我恶人，人亦恶我；我慢人，人亦慢我。此感应自然之理。

切不可结怨于人。结怨于人，譬如服毒，其毒日久必发，但有小大迟速不同耳。

能让人一码就让人一码，不要把别人往绝路上逼。善行要从小事上积累，一天积一点，日久就是大善行。你爱别人，别人才会爱你；你厌恶别人、怠慢别人，别人也会厌恶你、怠慢你。不要与人结怨，与人结怨像服毒，总有一天毒发身亡，只是时间上早点或晚点罢了。

再次是言语要谨慎，多反思自己的过失。

言语最要谨慎，交游最要审择。

多说一句，不如少说一句；多识一人，不如少识一人。

见过所以求福，反己所以免祸。

言语要谨慎，交游要慎重。不好的话，宁愿少说；不好的人，少交往。经常看到自己的过错，可以求得福报；反思自己的行为，这样才能免祸。

人家有体面崖岸之说大害事。家人惹事，直者置之，曲者治之而已。往往为体面立崖岸，曲护其短，力直其事，此乃自伤体面，自毁崖岸也。长小人之志，生不测之变，多由于此。

不要为了面子而护短。家人惹了事，有理就放下，无理就整治。许多人为了所谓的体面，强词夺理，竭力自圆其说，这样会助长小人之志，生出不必要的麻烦。

再次是戒财色。

世间唯财色二者最迷惑人，最败坏人，故自妻妾而外，皆为非己之色。

淫人妻女，妻女淫人，夭寿折福，殃留子孙。

吾见世人非分得财，非得财也，得祸也。积财愈多，积祸愈大，往往生出异常不肖子孙，作出无限丑事，资人笑话。

终身不取一毫非分之得，泰然自得，衾影无怍，不胜于秽浊之富百千万倍邪！

人生爵位，自是分定，非可营求，只看得"义""命"二字透，落得做个君子，不然空污秽清静世界，空玷辱清白家门，不如穷檐茅屋、田夫牧子，老死而人不闻者，反免得出一番大丑也。

不淫人妻女，不妄求非分之财。谋取非分之财的人家不积德，往往生出不肖子孙，把家财挥霍一空，成为别人口中的笑料。还不如安分守己，虽然生活俭朴一些，可是对得住自己的良心，比做一个名声恶臭的富翁好得多。

最后还要记得救济贫困，少杀生灵。

人若不遭天祸，舍施能费几文？故济人不在大费己财，但以方便存心。残羹剩饭，亦可救人之饥；敝衣败絮，亦可救人之寒。酒筵省得一二品，馈赠省得一二器，少置衣服一二套，省去长物一二件，切切为贫人算计，存些赢余，以济人急难。去无用可成大用，积小惠可成大德，此为善中一大功课也。

少杀生命，最要养心，最可惜福。一般皮肉，一般痛苦，物但不能言语耳，不知其刀俎之间，何等苦恼。我却以日用口腹，人事应酬，略不为彼思量，岂复有仁义乎？供客勿多肴品，兼用素菜，切切为生命计算，稍可省者，便省之。省杀一命，于吾心有无限安处。积此仁心慈念，自有无限妙处，此又为善中一大功课也。

一个人遭遇不幸，生活困难，我们救济他些东西，能费几文钱？酒宴上少几道菜，少添置几件衣服，少买几件无用的东西，省下这些钱救济贫苦之人，就是行善。生灵也跟人一样有肌肤之痛，只是它们不会说出来。我们待客的时候，少上几道肉菜，多上几道素菜，让一些禽畜不被杀掉，这也是行善。

从高攀龙的阐释来看，想"做得一个人"可不容易，要明辨是非，有识人之明，宽容、有爱心，有自省精神，言语谨慎，不贪财、不好色，救济贫困、爱惜生灵。

但是，一个人的内心圆融通达以后，"做得一个人"也不难，你的状态是好的状态，做出来的事自然是好事，做出来的人自然也是好人。

朕从来诸事不肯委罪于人

——康熙《庭训格言》

一

康熙是清朝入关后的第二位皇帝，他八岁登基，十四岁亲政，在位六十一年，是我国历史上在位时间最长的皇帝。

康熙是康乾盛世的开创者，他一生文治武功，在历代帝王之中属佼佼者。康熙博学多才，为政宽仁，即使剥离他的帝王身份，也是一位智者。

康熙有三十五个儿子，活到成年的有二十四个。他没有因为儿子多就采取放任自流的态度，而是对儿子们的成长很重视。他早上下了早朝，经常会到儿子们读书的书房里巡视，亲自检查儿子们的功课，傍晚还会再次来书房检查功课，以免儿子们偷懒。他外出巡视、狩猎时也经常带着儿子们，让他们学知识、长经验，锻炼他们的身体素质和实践能力。

康熙去世以后，继位的雍正回忆父亲生前教诲儿子的言语，汇编为一书，就是《庭训格言》。

《庭训格言》编成于雍正八年（1730），雍正皇帝亲自作序，他在序言中说：

> 朕曩者偕诸昆弟侍奉宫庭，亲承色笑，每当视膳问安之暇，天颜怡悦，倍切恩勤，提命谆详，巨细悉举。其大者如对越天祖之精诚，侍养两宫之纯孝，主敬存诚之奥义，任人敷政之宏猷，慎刑重谷之深仁，行师治河之上略，图书经史礼乐文章之渊博，天象地舆历律步算之精深，以及治内治外，养性养身，射御方药，诸家百氏之论说，莫不随时示训。遇事立言，字字切于身心，语语垂为模范。
>
> 盖由我皇考质本生知，而加以好学；圣由天纵，而益以多能。举天地间万事万物之理，融会贯通，以其得之于心者，宣为至教。视听言动，悉合经常；饮食起居，咸成矩度。而圣慈笃挚，启迪周详，涵育熏陶，循循善诱。
>
> 朕四十年来，祗聆默识，夙夜凛遵，仰荷缵承，益图继述，追思畴昔天伦之乐，缅怀叮咛告戒之言，既历历以在心，尚洋洋其盈耳，谨与诚亲王允祉等，记录各条，萃会成编，恭名为《庭训格言》。

从雍正皇帝的序言中我们可知，《庭训格言》的书名是雍正皇帝亲自命名，书中的内容是雍正皇帝亲耳聆听。康熙对儿子的教育是随时随地的，他不是板着脸说教，而是结合生活实际，把道理说给儿子们听。他这种言传与身教相结合的教子方式，对包括雍正在内的诸皇子产生了很大影响。

雍正皇帝编纂《庭训格言》有其政治考虑，追述先帝遗训，可以巩固他的帝位的合法性，但更重要的是，康熙皇帝作为一位父亲和一位经验丰富的政治人物，他的思想和言行有值得学习效仿之处。作为儿子和在位皇帝的雍正，经常温习父亲的教诲，有助于提高自身的执政能力。

对于我们普通人而言，这本书也有借鉴意义。晚清名臣曾国藩非常推崇此书，他在给儿子的信中说："吾教尔兄弟不在多书，但以圣祖之《庭训格言》、张公之《聪训斋语》二种为教，句句皆吾肺腑所欲言。"

《庭训格言》共二百四十六则，内容主要是为人之道与为君之道。为人之道主要包括品德教育、学习教育和生活常识教育，为君之道包括君主的自我修养和驾驭臣下之道。

二

康熙皇帝从小接受的是儒家教育，他从思想到知识结构都接近于传统的儒家知识分子。

传统的儒家知识分子讲究诚信、慎独、孝悌、推己及人，这些在康熙对儿子们的教育中都有所体现。

康熙认为"诚"是待人的长久之道。他说：

吾人凡事惟当以诚，而无务虚名。朕自幼登极，凡祀坛庙、礼神佛，必以诚敬存心。即理事务，对诸大臣，总以实心相待，不务虚名。故朕所行事，一出于真诚，无纤毫虚饰。

康熙对"慎独"有很深刻的认识，认为一个人能做到不欺暗室，才是真正的君子。他说：

《大学》《中庸》俱以慎独为训，是为圣第一要节。后人广其说曰："暗室不欺。"所谓暗室有二义焉：一在私居独处之时，一在心曲隐微之地。夫私居独处，则人不及见；心曲隐微，则人不及知。惟君子谓此时，指视必严也，战战栗栗，兢兢业业，不动而敬，不言而信，斯诚不愧于屋漏，而为正人也夫！

康熙很注重孝道，他的父母早逝，他对祖母孝庄太皇太后特别孝敬。孝庄太皇太后身体不好，康熙在孝庄的病床前亲自侍奉三十五天，衣不解带，目不交睫。孝庄太皇太后吃不下饭，康熙每天准备着三十多种粥类食品，唯恐孝庄太皇太后想吃饭时准备不及。

但他也认为，一个人是否尽孝道，不是看这个人给父母提供的物质条件，而是要看他给父母提供的精神上的抚慰。他说：

> 凡人尽孝道，欲得父母之欢心者，不在衣食之奉养也。惟持善心，行合道理以慰父母而得其欢心，斯可谓真孝者矣。

儒家推崇"推己及人"，康熙八岁当皇帝，从未体会民间疾苦，他却能经常换位思考，想象他是一个臣民，他会面临着什么。

有一年，二阿哥生病，康熙去探望他，却碰见二阿哥冲身边的侍从发脾气。康熙跟他说："我们这样的主子，生病时有人服侍，我们还不满足，那些宫里的太监，宫外的穷人，他们生病时谁服侍他们？他们心中的火气向谁发泄？"二阿哥身边的侍从听到康熙的话都泪流满面。

康熙晚年有足疾，只能扶着侍从走路，侍从稍微扶持不周，他就痛得钻心，但每次他仍然谈笑如常，从未向侍从发火。

对儿子们的读书学习，康熙也非常重视。

他要求儿子们读书从经史读起，他说：

> 尔等平日诵读及教子弟，惟以经史为要。夫吟诗作赋，虽文人之事，然熟读经史，自然次第能之。幼学断不可令看小说。

他告诫儿子们读书要上心，有不明白的问题一定要弄明白，他说：

朕自幼读书，间有一字未明，必加寻绎，务至明惬于心而后已。不特读书为然，治天下国家亦不外是也。

他让儿子们不要读死书，他说：

道理之载于典籍者，一定而有限，而天下事千变万化，其端无穷。故世之苦读书者，往往遇事有执泥处，而经历世故多者，又每逐事圆融而无定见。此皆一偏之见。朕则谓当读书时，须要体认世务；而应事时，又当据书理而审其事。宜如此，方免二者之弊。

他教导儿子们学习要虚心，他说："人心虚则所学进，盈则所学退。"他认为读书的日的是明理，他说："读书以明理为要。理既明，则中心有主，而是非邪正自判矣。"他认为读书要循序渐进，持之以恒。他认为读书要有自我判断，他说："凡看书不为书所愚，始善。"

他还教给儿子们一些养生知识，他说："节饮食，慎起居，实却病之良方也。"

他认为不要整天吃大鱼大肉，多吃些蔬菜有益于养生。他还认为一个人学一门技艺，专心致志地钻研技艺，有益于长寿。他发现明清很多书法家很长寿，有些画匠和工匠沉迷于精进自己的技艺，也很长寿。他说："人果专心于一艺一技，则心不外驰，于身有益。"

当然，他认为最重要的养生之道是读圣贤之书："凡人养生之道，无过于圣贤所留之经书。"

他还教儿子们一些生活常识和为人的基本规矩，诸如：雷霆大雨时不要站在大树下，不要拿着蛇、蛤蟆这类的东西吓唬别人，不要嘲笑残疾人和跌倒之人。

三

康熙的儿子之中必有一个将来继承皇位，别的儿子会被封为亲王、郡王、贝勒、贝子，他们都是主子，主子要统治、管理臣子或部下，而统治（管理）是有技巧的。

在康熙看来，一个当家做主之人，首先要加强自我修养，勇于承担责任。当年三藩叛乱前，他在议政王大臣会议上征求意见，有人主张迁藩，有人反对迁藩。康熙迁藩之后，三藩发动了叛乱。大学士索额图奏请把主张迁藩的大臣正法。康熙没有同意，他说，虽然是大臣提出迁藩，但最终决策者是他，他不能把过错推到别人头上。

他说："朕从来诸事不肯委罪于人，矧军国大事而肯卸过于诸大臣乎？"

康熙跟儿子们说，一个人有过失很正常，错了就认错。他把某件事情记错了，从不责怪别人，而是说"此朕之误也"，大臣并没有因此看不起他，而是很感动。

他说："凡人孰能无过？但人有过，多不自任为过。朕则不然。于闲言中偶有遗忘而误怪他人者，必自任其过，而曰：'此朕之误也。'惟其如此，使令人等竟至为所感动而自觉不安者有之。大凡能自任过者，大人居多也。"

康熙认为，皇帝不能高高在上，要善于听取别人的意见。三藩叛乱时，他听说大军被困永兴，面有忧色。都统毕力克图跟他说："太祖、太宗从来没有为军队的事皱过眉，您现在面露忧色，我认为您这是怯懦，没有太祖、太宗的勇气。"康熙一听觉得有理，当即宽心。

他说："朕从不敢轻量人，谓其无知。凡人各有识见。常与诸大臣言，但有所知、所见，即以奏闻，言合乎理，朕即嘉纳。"

孟子有"君子远庖厨"之说，认为君子远离杀戮，才能培养仁慈之心。康熙说："朕自幼登极，生性最忌杀戮。"他还说："昔时，大臣久经军旅者，多以人命为轻。朕自出兵以后，每反诸己，或有此心乎？"

在用人上，康熙主张用人不疑，跟大臣开诚布公。他说：

> 好疑惑人非好事。我疑彼，彼之疑心益增。凡事
> 开诚布公为善，防疑无用也。

作为一个精明的统治者，康熙也不会贸然相信一个人。他认为，臣下会对主子投其所好，主子不能轻易流露自己的偏好，否则会被臣下利用。他说：

为人上者，用人虽宜信，然亦不可遽信。在下者，常视上意所向而巧以投之。一有偏好，则下必投其所好以诱之。朕于诸艺无所不能，尔等曾见我偏好一艺乎？是故凡艺俱不能溺我。

对于臣下犯错，他认为，小错误就原谅，大错误应立即责令惩处，不要当时不训导惩处，事后耿耿于怀。他说：

为人上者，使令小人固不可过于严厉，而亦不可过于宽纵。如小过误，可以宽者，即宽宥之；罪之不可宽者，彼时则惩责训导之，不可记恨。若当下不惩责，时常琐屑蹂践，则小人恐惧，无益事也。

康熙给儿子们讲的为人之道与为君之道有很多没有太大区别。君也是人，人行得正，为君时，也会做得正；人活得明白、通透，为君时，也会明白、通透。

他跟儿子们说："凡理大小事务，皆当一体留心。古人所谓防微杜渐者，以事虽小而不防之，则必渐大；渐而不止，必至于不可杜也。""凡人处世，惟当常寻欢喜……盖喜则动善念，怒则动恶念。""人之一生虽云命定，然命由心造，福自己求。""人之为圣贤者，非生而然也，盖有积累之功焉。""凡事暂时易，久则难。""读书一卷，则有一卷之益；读书一日，则有一日之益。""人生于世，无论老少，虽一时一刻，不可不存敬畏之心。"

　　这样的格言警句不仅适用于清代的皇子皇孙，对生活在 21 世纪的我们，也有着借鉴意义。

千里修书只为墙，让他三尺又何妨？

——张英家训

一

在安徽桐城有个著名景点叫六尺巷，是一条仅有六尺（两米）宽的小巷，一条普普通通的小巷子，何以成为著名景点？这里面有个感人的小故事。

清代康熙年间，桐城人张英以优异成绩考中进士，授翰林院编修，还成为康熙皇帝的讲筵官，后来官至文华殿大学士兼礼部尚书，是康熙年间最重要的大臣之一。

张英在朝中为官时，他的家人与一位姓吴的邻居闹矛盾。原来，张、吴两家的宅子之间有一块隙地，有一年，吴姓邻居修房子，想把隙地圈进他家的墙里面。张家人一听不乐意了，这是一块共用隙地，凭什么被你们家占去？

你家的墙往外砌，我家的墙也要往外砌。两家互不相让，闹到县衙里。县令一看告状的这两家人，头都大了，两家都很有势力，谁也惹不起，县令吓得不敢判决。

张家的人一看县令不敢判决，就想让张英给县令施加压力。他们心想：我们朝中有人，还怕打不赢官司！张家人修书一封，让人快马加鞭送往京城。张英接到家里来的加急信，以为发生了什么大事，打开信一看，原来是两家因为砌墙闹矛盾。

他沉吟片刻，提起笔，写了一首诗，装在信封里，让人给家人捎去。张家人接到信喜不自胜，以为张英会在信中安排给自家人撑腰，他们打开信一看，只有几行字：

千里修书只为墙，让他三尺又何妨？
万里长城今犹在，不见当年秦始皇。

张家人看到信上的内容，最初感到很惊讶，接着他们明白了张英的良苦用心。邻居相处，以和为贵，若是整天为鸡毛蒜皮的小事闹矛盾，以后还怎样来往？

张、吴两家都是深宅大院，院子多三尺，少三尺，并不影响生活，何必闹到衙门里去？浪费国家司法资源不说，也给以后的生活留下隐患。

冤家宜解不宜结，何必为三尺墙结下怨仇？秦始皇修的长城宏伟壮观，可是秦始皇在哪里？不是照样化为朽土？

张家人听从张英的劝导，主动将墙基向里让出三尺。吴家人听说张英信上的内容很感动，他们说："你们张家后退三尺，我们吴家也后退三尺。"张、吴两家各让三尺，最终在两家宅子之间形成一条六尺宽的小巷。不仅张、吴两家的人进出更加方便，行人也可以从这里通过。

张、吴两家各让三尺让出一条小巷的事情被人们知晓，人们称那条巷子为"六尺巷"。张英写的那首诗也广为流传，1956年，毛泽东会见苏联驻华大使尤金时，就化用了其中两句"万里长城今犹在，不见当年秦始皇"。

二

康熙四十年（1701），在朝中为官三十多年的张英退休，回家养老。皇帝为表示对这位老臣的重视，特意在畅春园赐宴为张英送行。

张英回到家乡，脱去官服，督促儿孙的学业，时常到田间地头转转，看看庄稼的收成，向老农们问问农事，闲暇时在书房里读书，或是撰写文章。

张英一向不喜欢华丽服装，原先在官场，不得不穿锦缎官袍，回家以后，他把锦缎衣服收进箱子，日常穿棉布、葛布和湖绸等普通材质的衣服。他认为缎子衣服太华贵，好缎子一尺值三四钱银子，足够买一匹布。缎子衣服初穿时颜色绚丽，但是很难打理，沾上油灰颜色就变，又不能洗涤，不适合日常穿着。

张英在京中时，因为公务繁忙，体力不济，每天服用一两钱人参，回到家乡以后，看到一石米不过一两四钱银子，买一两钱人参的银子能买一两石米。他心想：一两石米够一百人吃一天，自己一天吃的人参就赶上一百口人的饭，这不是太浪费了？于是他不再吃人参。

张英在京城里经常参加达官贵人的宴会，他见宴会上尽是山珍海味，还有戏班子献唱，一席之费就是几十两银子，觉得太奢侈，有这些钱，不如用来赈济贫困百姓。他的妻子深受他影响，有一年张英过生日，妻子跟他说："按习惯应当请戏班子献唱庆生，这次咱家不请戏班子，用省出来的钱做一百套棉衣裤，施舍给贫寒之人，你看如何？"张英笑着连声说："好，好。"

张英喜欢种树和养花，原先在京城没地方种树，只能养上几盆花，退朝回来欣赏欣赏，聊以解闷。回到家乡以后，他觅了一块空地，种上一些花花草草，每天早晚去看看那些开得旺盛的花朵，心中怡然自乐。

三

张英是康熙皇帝的心腹重臣，参与军国大事，大半生忙于"治国""平天下"，他晚年回到家乡，把"修身""齐家"当作自己的生活重心。

张英系统整理自己关于"修身""齐家"的思想，著成《聪训斋语》《恒产琐言》两文，人们把这两文合起来，称为"张英家训"。曾国藩对张英家训非常推崇，认为张英家训句句说到他心里，多次向他的儿子推荐张英家训。

我们读过张英家训就会明白，张英为什么在家人与邻居因砌墙争执时说"让他三尺又何妨"。他在家训中一再教育儿孙们要忍让、谦恭、节俭、自律，这是他一以贯之的思想。

张英在家训中谈到，他在刑部任职过一段时间，审阅过很多卷宗。上报刑部的都是大案，他在审阅这些卷宗时发现，很多大案是由很小的事件引发的，如果当事双方克制一下、忍让一下，就不会酿成大案。

张英认为，君子应当"敬小慎微，凡事只从小处了""受得小气则不至于受大气，吃得小亏则不至于吃大亏""凡事最不可想占便宜""终身失便宜，乃终身得便宜也"。

张英教育儿孙，见到乡间挑担的小贩和外出做佣工之人，一定不要占他们的便宜。你占他们的便宜，不过几文钱。对富贵之家来说，几文钱不算什么，对贫寒之人来说，几文钱也能顶用，你占他们几文钱的便宜，他们也会怨恨。有些蠢人喜欢从小贩和佣工身上省钱，哪怕省一文钱，也自鸣得意，殊不知结下怨恨，损失更大。

张英告诫儿孙，跟比自己地位低的人说话时，不能趾高气扬、言语傲慢，一定要言语温和。跟别人和颜悦色地说话，不需要付出任何成本，却能让听话的人心中感到十分舒服。

张英在家训中说，他在朝中为官时，有一次他穿着朝服出门，走到巷口，遇到一人，那人远远地向他呼喊："今天是忌辰。"张英心中一惊，连忙回去换上忌辰时穿的衣服。如果不是这个好心人提醒他，他很可能到朝堂上才发现自己穿错了衣服，那样就来不及换了。张英对那个人非常感激，他认为那个人好心提醒他，对那个人来说没有什么成本，却让他避免了一次失误。他教育儿孙们要向那个人学习，能顺手帮助别人就帮助别人。

张英在家训开篇引用四句话："读书者不贱，守田者不饥，积德者不倾，择交者不败。"这是张英自己的理念，也是他对儿孙们的要求。

张英认为，一个人哪怕出身于贫寒之家，只要他肯读书，也会明事理，做事的时候也会有决断，哪怕不考科举，对他来说也是有益的。

张英推崇孟子的名言"有恒产者有恒心"，他认为经商利润丰厚，但是农业生产更为可靠。农田是优质固定资产，哪怕遇上战争，兵荒马乱，逃亡在外，农田荒芜，回家收拾收拾，又可以耕种，不像浮财那样容易被别人掠夺。儿孙们只要守住祖上留下的田产，量入为出，注意积蓄，就不会没饭吃。

张英认为在"修行立名"方面，世家子弟比寒士要难上百倍，因为世家子弟有过失，人们也不敢当面斥责他们，世家子弟从小被父母娇惯，亲戚们也容忍他们。世家子弟成年以后，朋友原谅他们，趋炎附势之人讨好他们。而在背后，人们称赞他们的才学和品行，怕被别人嘲笑逢迎；欣赏他们的文章，怕被别人鄙视势利，宁可吹毛求疵地指责他们，还有人因为攀附不上他们而怨恨诽谤，所以世家子弟要比寒士做得更好，才能得到人们的承认。

张英注重交友，他认为朋友有时候比师长对一个人的影响更大，交友不慎，很容易被诱入歧途。他主张知心朋友不在多，有两三个性情忠厚、爱读书的就可以。他也不赞成家中养很多奴仆，他认为有两三个得力的仆人就可以，不要让奴仆插手公务，只让他们负责家务事，这样最能避免麻烦，让主人省心。

在养生上，张英认为致寿之道"曰慈、曰俭、曰和、曰静"。闲暇时要多想快乐之事，忘却不快之事，让自己保持愉悦的心情，就是最好的养生。

四

张英出身于一个世代官宦之家，从他的曾祖父起就注重德行，他的曾祖父在外做官时，听说几个儿子纯朴淳厚、勤苦读书，心中十分欣慰，写信告诫儿子，让他们注重养德，警惕"盛极将衰，福过灾生"。

张英的祖父谨遵父亲的教诲，时刻严格要求自己，他去世后多年，乡亲们仍然称赞他的"厚德"。

张英的父亲生活节俭、待人宽厚，一辈子从未与人争吵，一辈子没进过衙门拉关系，一辈子没有与乡邻打过官司，深受人们尊重。张英成为朝中权贵后，父亲怕他忘本，写信告诫他："敬者德之基，俭者廉之本。祖宗积德累世，以及于汝，循理安命，毋妄求也！"

张英继承了祖辈的优良家风，他终生没有依仗权势把别人送进官衙治罪，也没有打骂过别人，他希望儿孙们守住这些做人的底线。

所以张英给家人写"让他三尺又何妨"绝非作秀，而是张家的家风如此。因为注重德行和文化教育，所以张家在明清两代能够兴旺几百年。

张英留给子孙的物质财富不多，"瘠田数处耳，且甚荒芜不治，水旱多虞，岁入之数，仅足以免饥寒、蓄妻子而已"，但他给儿孙留下了丰厚的精神财富。张英的四个儿子全都考中进士，名气最大的是他的次子张廷玉。张廷玉是雍正年间和乾隆初年皇帝最倚重的大臣，也是清代唯一死后配享太庙的文臣。

张英的孙子、曾孙仍然延续祖上的辉煌。《清史稿》上说"自英后，以科第世其家，四世皆为讲官"。这无疑是对张英注重家风建设的最好回报。

（四）

忠恕

常以责人之心责己，恕己之心恕人

——范纯仁《戒子弟言》

一

范纯仁是北宋名臣范仲淹的次子。范仲淹有四个儿子，长子范纯祐体弱多病，英年早逝，次子范纯仁在家庭中担当着长子的职责。

范仲淹一生以"先天下之忧而忧，后天下之乐而乐"为座右铭，"修身""齐家""治国""平天下"，样样堪为楷模。在他的言传身教之下，他的儿子们都继承了他的优良家风。

次子范纯仁继承了他的"忠"，三子范纯礼继承了他的"静"，四子范纯粹继承了他的"略"。作为父亲的范仲淹，对儿子们是满意的。

宋仁宗天圣五年（1027），范纯仁出生于南京应天府（今河南商丘）。他从小聪明机警，八岁能讲解所学之书，十七岁时，因为父亲的功绩，恩荫得到一个太常寺太祝的官职。不用参加竞争激烈的科举考试就能得到一个官职，对别人来说是求之不得的好事，范纯仁却说："赖恩泽而生，吾耻之。"

作为权贵子弟，范纯仁没有"躺平"，而是发愤用功，在二十三岁时考中进士。

范纯仁出生时，他的父亲范仲淹三十八岁，他考中进士时，父亲范仲淹年过六十，大哥范纯祐体弱多病，不能照顾父母，范纯仁想留在父母身边照顾父母。

朝廷任命范纯仁为武进县知县，他以离双亲太远为由没有赴任。朝廷改任他为长葛县知县，他仍然不去。

范仲淹问他："以前你以离双亲太远为理由没有赴任，长葛离双亲不远，你为何仍然不去？"

范纯仁说："我怎能以禄食为重，而轻易离开父母，长葛虽然离家近，我也不能在父母面前尽孝。"

直到父亲范仲淹去世，范纯仁为父亲守完孝，才出来做官。

父亲去世了，可是大哥还需要人照顾。范纯仁的大哥范纯祐有心疾，发作起来，几个人招架不住。范纯仁从不嫌弃哥哥累赘，他像侍奉父亲一样侍奉哥哥。哥哥的饮食起居、请医抓药，他都亲力亲为。

早些年，有人推荐范纯仁给贾昌朝任幕僚，他因担心无人照顾哥哥，没有答应。有人劝他带着哥哥一起去，他说到北方多事，如果自己有危险，哥哥也没法活，仍然拒绝了。

范纯仁出来做官以后，宋庠推荐他担任馆职。馆职大都是香饽饽，在京城工作，很容易得到升迁，初入职的官员往往求之不得。

范纯仁还是拒绝了。

父亲的好友富弼责怪他："台阁之职很难得到，你为什么推辞呢？"

范纯仁说："京师虽好，却不是养病的地方，不利于哥哥的身体。"最终，范纯仁以著作佐郎的身份任襄邑县知县。

虽然范纯仁对哥哥悉心照顾，但无奈哥哥体弱，最终还是病逝了。

范仲淹的好友韩琦、富弼听说范纯祐要安葬在洛阳，给洛阳府尹写信，让其帮助料理范纯祐的丧事。洛阳府尹收到消息的时候，范纯祐的丧事已经办完了。

洛阳县令为自己没有事先得到消息而惊讶。范纯仁说："我们自家的钱就能办完丧事，不能打扰公家。"

二

范纯仁孝敬双亲，照顾兄长，以身示范什么是"孝""悌"。

而他更看重的是"忠""恕"，他经常说："吾平生所学，得之'忠''恕'二字，一生用不尽，以至立朝事君，接待僚友，亲睦宗族，未尝须臾离此也。"

范纯仁以"忠""恕"为座右铭，无论在朝廷上对皇上，在官署里对同僚，在生活中对朋友，还是在宗族中对宗族之人，无不以"忠""恕"为本。

范纯仁为人宽厚温和，从不厉声厉色，但是富有正义感，担当道义时从不畏惧。在官场上，范纯仁的"忠"表现为忠于职责、刚正不阿，"恕"表现为体恤百姓、慈悲为怀。

范纯仁在襄邑县任知县时，当地有个御林军的牧场，一些御林军侍卫倚仗自己身份特殊，飞扬跋扈，牧马时经常踏坏百姓庄稼。百姓到县衙里告状，范纯仁抓住一个侍卫处以杖刑，牧场的官员认为范纯仁不给自己面子，于是将这件事上报给皇上。

皇上派人来调查。

范纯仁说："养兵的费用来自百姓交的田税，百姓的庄稼被糟蹋了，还不处置肇事者，田税从哪里来？"宋仁宗觉得有理，于是把牧场交给地方管理。

范纯仁任庆州知州时，赶上当地发生粮荒，他自行决定开仓赈济灾民，下属官员让他先禀报朝廷，等到朝廷批复同意再开仓。范纯仁说："等到朝廷批复就太晚了，我自己承担责任。"

有人向朝廷报告范纯仁虚报灾民数量，宋神宗派人调查。

这时已是秋天，粮食丰收，灾民们感激范纯仁的救命之恩，争相向官府归还粮食，等到朝廷派的人来到时，粮仓已经没有亏欠。

范纯仁为官既严厉又宽厚，对于危害百姓利益之人，他很严厉；对于百姓中犯轻罪之人，他很宽厚。范纯仁在齐州任职时，发现此地民风强悍，百姓经常偷盗劫掠，监狱里人满为患，都是犯了盗窃罪被官府关押来督促赔偿的屠夫和商贩之类的人，有人因为长期关押而死于狱中。

范纯仁把他们训诫一番之后，全都释放了，结果盗窃案反而减少了。

　　宋神宗在位时，范纯仁作为朝廷重臣，不可避免地卷入王安石变法的风波之中。

　　范纯仁发现王安石的新法有很多危害百姓之处，他向皇帝陈述王安石新法的危害，王安石很生气，把他贬出京城。直到宋神宗去世前，司马光当上了宰相，范纯仁才被调回京城。

　　范纯仁看到司马光把王安石新法全部废除，认为不妥。尽管他与司马光私交很好，但还是劝司马光说："王安石新法有可取之处，不能全部废除。"有人劝他说好不容易有出头之日，不要得罪宰相，他说："我为了让新宰相高兴而讨好他，还不如年轻时讨好王安石谋富贵呢！"于是他再次被贬出京城。

　　王安石旧党章惇当上宰相以后，把司马光一派的大臣流放岭南。范纯仁一听又急了，虽然司马光一派反对变法，但他们都是忠直之臣，怎么能这样对待他们呢？他不顾年高、有眼疾，想上书为他们辩解。

　　范纯仁的家人听说他又要上书，急得乞求他不要再得罪宰相。范纯仁不顾家人反对，上书为被贬的官员辩解而得罪宰相章惇，被贬到永州。

　　范纯仁到永州后不久，他的儿子听到一个消息，说是有人本来应该跟范纯仁一样被贬到外地，那人申明他当年与司马光意见不合，于是没有被贬。

　　他的儿子很高兴，认为父亲当年也与司马光意见不合，只要说明情况，他们很快就能回到京城。范纯仁说："我与司马光同朝为官，意见不合很正常，我不能拿着过去的言论，当作今天的借口。"范纯仁被贬到永州三年，他始终没有攻击过司马光。

三

范纯仁经常告诫子弟："人虽至愚，责人则明；虽有聪明，恕己则昏。苟能以责人之心责己，恕己之心恕人，不患不至圣贤地位也。"

意思是说，一个人哪怕再愚蠢，他指责别人时，自己也能看得比较明白；一个人再聪明，他宽恕自己的时候，心里就是昏聩的。若是把责备别人的心拿来责备自己，拿着宽恕自己的心来宽恕别人，就不难达到圣贤的高度了。

这真是至理名言。

一个人要想看见自己的缺点，就要有反思精神，有推己及人的精神，严于律己，宽以待人。范纯仁一生这样要求自己，也这样要求他的儿孙。

范纯仁的父亲范仲淹，当年也是这样要求范纯仁和其他孩子的。

范仲淹一生勤奋、节俭、宽宏大量、公而无私、心系苍生，给儿子们树立了一个好榜样。范纯仁深受父亲思想行为的熏陶感染，继承了父亲的优秀品质，传承了优良的家风。

范纯仁十几岁时，父亲范仲淹让他运一船麦子去苏州，半路上遇到熟人石曼卿。范纯仁问石曼卿为什么停留在这里，石曼卿说：“亲人去世，没有钱运亲人的灵柩回家。”

范纯仁一听，就把船上的麦子送给石曼卿，卖的钱当作亲人灵柩的运费。

范纯仁回家以后，不敢跟父亲说，只好在父亲身边站着。范仲淹跟范纯仁闲聊，问他有没有遇到新老朋友，范纯仁说了遇上石曼卿一事。

范仲淹听说石曼卿没有钱运亲人的棺材回乡，责问范纯仁：“你为什么不把麦子送给他？”范纯仁说：“我已经送他了。”范仲淹听了很满意。

范仲淹一生俭朴：家里不来客人时桌上没有肉菜；平日穿布衣；直到去世都没有置办家产。把节省下来的薪俸用来购买义田、设立义庄，救济穷困之族人。

范纯仁结婚时，妻子的娘家想给女儿陪嫁罗绮帷幔。范仲淹跟儿子说：“我们家一向俭朴，怎么能有罗绮帷幔这样的奢侈品？这是败坏我们的家风，若是你妻子把罗绮帷幔带进我家门，我会当庭焚毁。”

范纯仁的妻子退掉罗绮帷幔，与范纯仁举行了一个简朴的婚礼。

范纯仁在宋哲宗时出任宰相，地位和薪俸都超过他的父亲，但他还是像父亲一样俭朴，平时很少吃肉，有一次请朋友吃饭，在素菜上放了些肉末，朋友惊奇不已，到处跟人开玩笑说：“范家的家风败坏了，居然吃上肉了。”

范纯仁平时的衣服被褥都是粗布所制，他不觉艰苦，自得其乐，题了一首《布衾铭》，放在案头，经常吟诵：

藜藿之甘，绨布之温，名教之乐，德义之尊，求之孔易，享之常安。绮绣之奢，膏粱之珍，权宠之盛，利欲之繁，苦难其得，危辱旋臻。取易舍难，去危就安，至愚且知，士宁不然？颜乐箪食，万世师模；纣居琼台，死为独夫。君子以俭为德，小人以侈丧躯。然则斯衾之陋，其可忽诸！

范纯仁跟他的父亲一样热衷于公益事业，他与弟弟范纯礼一起把节省的薪俸投入范氏义庄，并且给范氏义庄制定了更加详细的章程。

通过范仲淹、范纯仁、范纯礼两代人的努力，范氏义庄成为全国义庄的楷模，一直到清末运转良好，存在的八百多年中，救济了无数范氏族人。

范仲淹早年丧父，母亲改嫁山东朱氏，范纯仁巡视山东时，给朱氏家族也购买祭田一顷三十亩，用于朱氏家族的祭祀和救助。

范纯仁七十五岁时在睡梦中去世，按照传统观念，这是福报。

能下人，是有志；能容人，是大器

——王阳明训子诗

一

王阳明是明代著名思想家，他创立的"阳明心学"影响很大，他还平定了宁王叛乱，为明代的稳定作出了贡献。

王阳明十七岁时与江西布政司参议诸养和之女诸氏结婚，两人婚后感情很好，可是没有儿女。

王阳明的父亲王华着急起来，眼看儿子已经四十多岁，不能无后，他想给儿子立一个嗣子。王华有四个儿子，可是这四个儿子都没能给他生孙子，他只好把弟弟王衮的孙子王正宪过继给儿子王阳明为嗣子。

王正宪成为王阳明的嗣子时，已经八岁，从小被父母溺爱，养成一身懒惰毛病，读书不用心，日常生活中也不勤快。王阳明看着这个孩子的样子，不是很喜欢，但是父命难违，他只好接受了父亲送给他的这个儿子。

王阳明立嗣时四十四岁，事业上正处在最忙碌的时期，顾不上对嗣子的教育，只能把嗣子交给妻子诸氏抚养。

诸氏是大家闺秀，教育孩子理应不成问题，可是因为自己没能生儿子心中愧疚，又怕王正宪的亲生父母有意见，不敢对王正宪严加管束。

王阳明只好自己动手抓王正宪的教育。了解王阳明生平的人都知道，这时的王阳明特别忙碌，他一面传播阳明心学，一面巡视江西、福建等地，扫匪平寇。他的身体逐渐吃不消，于是想辞官回乡，将养身体，然而皇帝不允许，他只好继续留任，处理地方上的烦琐事务。

在这样的情况下，王阳明即使想抓嗣子的教育，也抽不出时间。他只好给儿子写了一首内容浅显的三字诗，教导儿子如何读书与做人。

这首训子诗名为《示宪儿》。

它从读书说起，重点放在立德做人上。王阳明希望儿子反复诵读，牢记于心，将其当作一生的行为法则。

二

王阳明训子诗是一首顺口溜风格的三字诗，全诗三十二句，共九十六字。因为是训子诗，它在语言上不求典雅，内容上不用典故，直白浅近，朗朗上口，以易记易懂为原则。

开首两句是"幼儿曹，听教诲"，然后进入正文，第一句是"勤读书，要孝悌"。王阳明家训之中，关于读书的就这一句"勤读书"，以下就全是关于做人的内容。大约在王阳明心中，读书是靠天分的，天分不够，这是没办法的，但是做个品质纯良之人，是靠自身努力就可以做到的。书没读好，以后还可以努力，人做歪了，以后就不好补救了。

在做人上，王阳明把"孝悌"放在第一位。

在古人心中，孝是一切善行的基础，正所谓"百善孝为先"。"孝悌"要从哪里做起？王阳明认为，"孝悌"是对父母和兄弟发自内心的爱，"孝"在日常行为中的体现是"学谦恭，循礼仪"，在师长面前态度谦恭、讲究礼仪，这是孝的基本要求。

　　节饮食，戒游戏；毋说谎，毋贪利；毋任情，毋斗气；毋责人，但自治。

王阳明跟儿子说，你吃饭的时候，不要看到好吃的就吃个没完，吃饱了就不要再吃，要节制饮食。十来岁正是读书的年纪，不要一味贪玩。做人要诚实，说谎的不是好孩子，也不要染上贪财好利的毛病。不要放纵自己的情绪，不要跟别人斗气，不要责备别人，要学会控制自己的情绪。

王阳明写这首训子诗的时间在正德十一年（1516）到正德十三年（1518）之间，那时他的嗣子王正宪的年龄在九至十一岁之间，这个年龄段的孩子自制力差，日常行为习惯和读书习惯都还没养成，严父不在身边，慈母难免娇纵，这让他更难养成好习惯。

王阳明多次向友人吐槽这个儿子行为习惯很差，从王阳明的教导中我们可以隐约感觉到，这个孩子可能有贪食、贪玩、爱说谎、爱占便宜等毛病。王阳明通过训子诗告诫儿子，这些习惯不好，你要尽早改正。

王正宪成为王阳明嗣子时已经八岁，他不是一张白纸，而是在他的原生家庭里养成了很多坏习惯。王阳明不是"从零开始"培养他，而是先要矫正他的不良行为习惯，然后才能培养他的好习惯。

王正宪成为王阳明的儿子以后，社会地位大大提高，成了一个公子哥儿。他虽然是个小孩子，别人也会讨好他、巴结他，这让他添上了颐指气使的毛病，喜欢责备别人，爱使性子、耍脾气。王阳明告诉他，这些毛病不好，要赶快改掉。

三

能下人，是有志；能容人，是大器。

在嘱咐完一些生活细节以后，王阳明对儿子提出了更高的要求。他跟儿子说："你想做个有志之人，就要能屈能伸，放低自己的身段；你想成大器，就要有容人之心。"

王阳明的儿子注定不是凡夫俗子，他将来会继承王阳明的财产，还可能袭一个官职，他将来是要做社会精英的，王阳明要按社会精英的标准要求他。

一个人的社会地位与社会责任是对等的，你不能身为一个权贵子弟，却把自己当个普通孩子来要求；也不能将来为官做宦，思想道德却是普通百姓的水平。

不贪吃，不贪玩，不说谎，不占便宜，不使小性子，这是对普通孩子的要求，对于一个将来要担负重大社会责任的孩子来说，他的道德觉悟要再上一个台阶。

有志之人，志在远方，不会把时间、精力消磨在解决人际冲突上，不会为面子和虚荣心消耗自己。这不是没骨气，而是有韧性、有弹性，懂得抓大节而放小节。

诸葛亮在《出师表》中说"臣本布衣，躬耕于南阳，苟全性命于乱世，不求闻达于诸侯。先帝不以臣卑鄙，猥自枉屈，三顾臣于草庐之中"。刘备比诸葛亮年长二十岁，四十多岁的刘备去拜访二十多岁的诸葛亮，去了两次都吃了闭门羹，刘备仍然态度恭敬地去请诸葛亮，诸葛亮终于被刘备的诚意感动，跟着刘备出了山，辅佐刘备成就帝业。

周瑜也是一个很有气度之人。他年纪轻轻成为东吴大都督，老将程普不服气，经常故意凌辱周瑜，周瑜却从不计较。程普被周瑜的气量感动，跟人说："与周公瑾交，若饮醇醪，不觉自醉。"

"海纳百川，有容乃大"，刘备、周瑜能够成为一时豪杰，很大程度上在于他们有胸怀，能够容忍有个性的人才、有脾气的英雄。

王正宪还是个孩子，不能指望他有着少数成年人才有的海纳百川的雅量，但是也要从小教他谦逊、立志，不与人斤斤计较，不然，长大了小肚鸡肠，岂能成大器？

> 凡做人，在心地。心地好，是良士；心地恶，是
> 凶类。譬树果，心是蒂。蒂若坏，果必坠。吾教汝，
> 全在是。汝谛听，勿轻弃。

在王阳明心里，"下人"也罢，"容人"也罢，关键在于做人，做人的关键在于其心地。一个人有好的心地，他就会自警、自律、自省，有问题及时发现，有毛病及时纠正。

一个人若是心地不好，他哪怕看上去能"下人"，能"容人"，也只是做表面文章，内心根本不会容忍异己，也不会容纳让自己丢面子的人。

王阳明打了个比喻，说一个人就像一棵结着果子的树，他的心地就是果子的柄蒂，若是柄蒂坏了，果子就会掉落，一个人的心若是坏了，这个人就会堕落为一个坏人。

四

王阳明谆谆教导王正宪要"能下人""能容人"，而王正宪成年以后在"下人""容人"上却没有做好。王阳明四十多岁无子，人们以为他不会有亲生儿子了，然而王阳明五十五岁时，侍妾张氏给他生了一个儿子王正亿。

王阳明去世时，王正亿刚两岁，王正宪二十一岁。王阳明没有留下遗嘱规定怎样处理财产，他死后，他的亲属陷入争产

风波之中，王正亿一度受到生命威胁。

　　王阳明给儿子立了家训，他去世以后，家中仍然发生争产风波，这不能说他立家训没有意义，而是说家风建设要趁早。家风建设是一个漫长的过程，经过几代人努力，才会浸润到每个人的心田，成为每个人本能的反应。

　　王阳明家是从王阳明的父亲王华考中状元开始发迹的，在此之前，王家只比普通人家好些，家族之人良莠不齐，也没有注重家风建设。

　　王阳明家族的人，性情、才智、后来的发展乃至寿命相差悬殊，有的绝顶聪明，有的才智平庸；有的高官厚禄，有的碌碌无为；有的独立自主，有的依附他人；长寿的特长寿，短寿的很短寿。只好不断续娶、纳妾、过继，造成家族的人际关系十分复杂。

　　这让王阳明家族塑造家风非常困难。留在家乡的人因能力缺乏、威望不够难以塑造家风，有能力塑造家风的王华、王阳明父子长期在外忙于公务，王阳明晚年想辞官养病皇帝都不许，病死在回家的路上。父子俩完全没有精力承担建设家风的责任。

　　这种情况让王氏家族没有形成统一有效的行为规则，塑造家风更无从谈起。王阳明意识到这个问题，想给儿子制定家训，慢慢培养家风，却因为没有精力言传身教，他的训示没有被儿子领悟透彻。

　　家风建设是一项大工程，家训是家风的灵魂。有了灵魂，浸润到每个人心里，就形成了家风。

> 毋说谎，毋贪利。毋任情，毋斗气。
> ······
> 能下人，是有志；能容人，是大器。
> 凡做人，在心地。心地好，是良士。

王阳明的家训在王家没来得及落地生根，但是这些金玉良言对今天的我们来说仍然很有教育意义。

汝与朋友相与，只取其长，弗计其短

——《温氏母训》

一

乾隆四十一年（1776），清朝旌表了一批为前朝死节的忠臣义士，有一位名叫温璜的明朝官员被乾隆皇帝赐谥号"忠烈"。温璜就是《温氏母训》的记录者，《温氏母训》记录的是他的母亲陆氏的言论。

温璜原名以介，字于石，号宝忠，乌程南浔人（今浙江湖州），与明末内阁首辅温体仁是同一个曾祖父的堂兄弟。

温璜年轻时家贫，在私塾里当教书先生，他的堂兄温体仁当上内阁首辅，他也不沾堂兄的光，而是主动避嫌。温璜考中举人以后本应该趁热打铁进京参加会试，但他因为堂兄在朝中任要职，主动放弃了参加会试的机会。

直到温体仁下台，温璜才去参加会试，一举考中进士，被授予徽州推官之职，成为主管徽州刑名的官员。

温璜仅做了一年推官，清军入关，明朝灭亡。温璜听到崇祯帝自缢而死的消息失声痛哭，他没有逃离，而是坚守原来的岗位。第二年，南京也被清军攻陷，很多地方官员弃印逃跑，温璜一边维持秩序，一边与一些有气节的官员一起组织抵抗。

温璜等人的抵抗因被叛徒出卖而失败，堂弟劝他逃回家乡避难，他断然拒绝，决心以死报君。城破之际，温璜与妻子、长女一起自杀，为明王朝尽忠。

温璜三岁丧父，母亲陆氏把他抚养长大。温璜在母亲的悉心教导下长大成人，他的思想和行为受母亲陆氏影响最大。温璜能够成为明王朝的忠臣，跟母亲陆氏对他的言传身教有很大关系。

陆氏是个普通的家庭妇女，却头脑睿智，有见识，无论是对于教子还是于日常生活，她都有自己的看法。她经常与儿子聊天，谈论她的人生经验和社会经验，她的观点对温璜很有启发。

温璜把母亲的一些富有生活哲理的话记录了下来，激励自己，也让别人了解母亲的思想和为人。

温璜留下遗著十二卷，其中一部分记载着母亲陆氏平日里的训言，人称"温氏母训"。

《四库全书总目提要》认为，温璜夫妇与长女从容就义，不是偶然，而是温母长期教育熏陶的结果，故而温母虽是一位普通女性，她的训言浅显直白，《四库全书》却把《温氏母训》列于儒家著作之中。

二

明朝是受宋明理学影响最深的朝代之一，生活于明朝末年的陆氏也深受理学思想的影响，她的一些言论有明显的时代局限性。比如她把守贞当作女性的美德，认为寡妇为了保全名节，应该在日常生活中言行谨慎。

> 凡寡妇，虽亲子侄兄弟，只在公堂议事，不得孤召密嘱。寡居有婢仆者，夜作明灯往来。

寡妇门前是非多，一个没有丈夫的女性与异性交往时要特别慎重，哪怕是亲兄弟、子侄，也只在公堂上议事，家中的奴仆出入，要把灯点亮，不在黑暗中来往。

> 少寡不必劝之守，不必强之改，自有直捷相法。只看晏眠早起，恶逸好劳，忙忙地无一刻丢空者，此必守志人也。身勤则念专，贫也不知愁，富也不知乐，便是铁石手段。若有半晌偷闲，老守终无结果。吾有相法要诀曰：寡妇勤，一字经。

年轻寡妇，不劝她守节，也不劝她改嫁，自然有直接的办法看看她能不能守节。若是她晚睡早起，一刻不闲，就一定是能够守节之人。勤劳的人意念专一，贫苦的时候不忧愁，富足的时候不狂喜，这样的人意志坚如铁石。若是得空就偷懒的年轻寡妇，不能守节到老。

在陆氏看来，寡妇守节的关键是一个"勤"字。勤劳的人眼里、手里都是要做的活儿，没有心思胡思乱想。勤劳的人自己有能力抚养子女，独立性强，心理上不依赖别人。

> 寡妇弗轻受人惠。儿子愚，我欲报而报不成；儿子贤，人望报而报不足。

寡妇不要轻易接受别人的恩惠，若是儿子愚拙无能，将来想报答人家也没能力；若是儿子有能力有出息，儿子尽量报答人家，人家还不满足。

> 凡寡妇不禁子弟出入房阃，无故得谤；寡妇盛饰容貌，无故得谤；妇人屡出烧香看戏，无故得谤；严刻仆隶，菲薄乡党，无故得谤。

凡是寡妇让青年男子在房中进进出出，会受到人们诽谤；寡妇整天打扮得妖娆妩媚，会受到人们诽谤；寡妇经常出去烧香看戏，会受到人们诽谤；寡妇对奴仆严苛，对乡亲邻居刻薄，也会受到人们诽谤。

温母的这些言论在今天看来很陈腐，但在当时的社会背景之下，她的思想并不极端。她年轻丧夫，守节不嫁，但她不劝别的年轻寡妇像她那样守节，也不骂改嫁的年轻寡妇，而是认为年轻寡妇有能力就守节，没能力就不守节，因为她们守也守不住。

温母没有从道德层面谴责不守节的寡妇，而是从实际生活出发，总结如果一个寡妇选择了守节，怎样做才能避免不必要的麻烦。

"三言二拍"中有个故事，说的是有个女子年轻丧夫，亲人劝她改嫁，她不答应，发誓要为亡夫守节，可是某天晚上进入奴仆房中，被奴仆引诱怀孕。当她得知自己被设局以后，悲愤交加，杀死奴仆，自尽身亡。

用温母的眼光来看，这个女子的做法是不可取的，她要么趁年轻改嫁，不改嫁就应当谨言慎行，不给别有用心的人留下可乘之机。又想守节，又没有守节的能力，最后节没守住，还搭上自己的性命，这是很不理性的。

三

其实，温母看似陈腐的言论之下，闪烁着现代独立女性思想的光辉。她不认为一个女人离开男人就没法生活，她认为一个女性有足够的智慧和毅力，是可以独立支撑家业、抚养子女的。

> 我生平不受人惠，两手拮据，柴米不缺。其余有也挨过，无也挨过。
> 我生平不借债结会。此念一起，早夜见人不是。

为了将来不给儿子留下麻烦，她不轻易受人恩惠，也不借贷，她尽力保证家中"柴""米"之类的基本生活所需，其余的东西，有就享受，没有就不享受。

陆氏独立抚养儿子成人，她也教儿子做个独立的人。

有一次，陆氏问儿子："我们家族有很多贫困之人，你说是什么原因？"

温璜说："老祖宗葵轩公有四个儿子，四个人平分一千六百亩地，到现在传了六代，人口越来越多，每户分得的田地越来越少，怎么能不贫困？"

陆氏斥责他："哪有子孙靠祖宗过活的？一个人生于世上，自带谋生的资本，只要不嫌高嫌低，选择一个职业，一定能养活自己。现在各房子孙，穿着长衫大褂，吃香喝辣，父母娇生惯养，不让他们劳作，即使老祖宗留下百万家产，他们也会陷入贫困之中。"

陆氏主张人要安于清贫，但是在经济上要自立。经济上不自立，生活上会有诸多不便。

> 贫人未能发迹，先求自立。只看几人在坐，偶失物件，必指贫者为盗薮；几人在坐，群然作弄，必指贫者为话柄。人若不能自立，这些光景受也要你受，不受也要你受。

一个人在发迹之前，先要谋求在经济上自立。你看几个人坐在一起，有人丢失了东西，一定会认为是穷人所偷。几个人

坐在一起捉弄人，一定是捉弄那个穷人。一个人在经济上不能
自立，就要忍受很多屈辱。

陆氏所主张的独立是人格上的独立，是经济上的独立，而
不是独来独往、与世隔绝。

> 贫人不肯祭祀，不通庆吊，斯贫而不可返者矣。
> 祭祀绝，是与祖宗不相往来；庆吊绝，是与亲友不相
> 往来。名曰"独夫"，天人不佑。

穷人不参与家族祭祀活动，不参与亲友的婚丧嫁娶事宜，
就会穷到底。这样的人是"独夫"，老天也不保佑他。

在深受儒家思想影响的中国人心中，对光宗耀祖的渴望是
一个人努力向上的动力来源，宗族亲友是一个人最重要的人脉
资源，一个人失去努力的动力，失去亲友的帮助，怎么可能会
好起来？

四

陆氏给温璜讲温璜祖父的故事。

温璜的祖父在世时，向一个姓朱之人借了二十两银子。第
二年姓朱之人病重，他是别人家的奴仆，不敢让主人知道他私
自放债，于是有人趁机赖账。当时温璜的祖父在外地，听到姓
朱之人病重的消息，他连夜赶回来，连本带利将银钱还给姓朱
之人。

　　姓朱之人本来已经不能说话，看到温璜的祖父，竟然张嘴说道："世上真有像你这样有信用的人，我死了也闭上眼了，愿你世世代代生好儿孙。"

　　陆氏通过温璜祖父的故事教育温璜，做人要有良心，不要做贪婪之人。

　　陆氏还教育温璜要周济穷亲戚，朋友有急难，要伸手帮助，但她不主张鲁莽行事，而是主张量力而为。有的穷亲戚爱占点小便宜，就让他们占去。

　　她认为世上有有形的财富，也有无形的财富，无形的财富对人帮助更大，可惜世人白白浪费，没有好好利用。

　　　　世人眼赤赤，只见黄铜白铁。受了斗米串钱，便声声叫大恩德。至如一乡一族，有大宰官当风抵浪的，有博学雄才开人胆智的，有高年先辈道貌诚心，后生小子步其孝弟长厚，终身受用不穷的。这等大济益处，人却埋没不提，才是阴德。

　　世人中那些有红眼病的人，眼里只有黄金白银，别人给他一斗米、一串钱，他口口声声称大恩大德。但是乡里、家族里，有人当大官能帮我们抵挡风浪，有人博学多才让人增长胆量和智慧，有年纪大的老人德高望重、诚实厚道，晚辈从他们身上学习孝悌忠厚，一辈子享用不尽，这才是对人有大好处的东西，他们却没看到。

温母没读过很多书，可她天然懂得很多书上的道理。虽然她的语言浅白，但她讲的道理与圣贤是一致的。

汝与朋友相与，只取其长，弗计其短。如遇刚鲠人，须耐他戾气；遇骏逸人，须耐他圈气；遇朴厚人，须耐他滞气；遇佻达人，须耐他浮气。不徒取益无方，亦是全交之法。

这番话与《论语》所说"三人行，必有我师焉，择其善者而从之，其不善者而改之"大意相似。朋友各有各的脾气，不能要求他们是完人，很多人都是优点与缺点并存的，你学他们的优点，就要容忍他们的缺点。

与人交往，难免被误解。被人误解时该怎样做？

受谤之事，有必要辩者，有必不可辩者。如系田产钱财的，迟则难解，此必要辩者也。如系闺阃的，静则自销，此必不可辩者也。如系口舌是非的，久当自明，此不必辩者也。

被别人诽谤，有的有必要辩明，有的没必要辩明。若是涉及田产钱财，晚了很难说清楚，一定要及时辩明。若是家庭内部的闲言碎语，安静了自会消散，不必辩明。若是别人搬弄是非，时间久了，人们自会明白，也不必辩明。

　　温母训言是陆氏日常经验的积累，也是她独立人格、高尚道德理念的结晶。她教育儿子积极开展社交而又保持适当距离，经济自立，不依赖别人，乐于助人而又量力而行，学人之长要容人之短。她教子严格，却反对棍棒教育。

　　她的很多理念，在今天也不落伍。

五

慈

爱

父不慈则子不孝，兄不友则弟不恭

——颜之推《颜氏家训》

一

在我国众多的家训之中，《颜氏家训》有着特殊的地位，它是我国第一部内容丰富、体系宏大的家训，唐代以后的各种家训几乎都受到它的影响，它被誉为"古今家训之祖"。

《颜氏家训》的作者颜之推，祖籍琅邪临沂（今山东临沂），出生于江陵（今湖北江陵）。颜氏家族是一个世代研修《周官》《左传》的士族之家。颜之推祖父颜见远是南朝齐的治书御史，父亲颜勰是南朝梁的咨议参军。

颜氏家族是一个团结友爱的家族，父慈子孝，兄友弟恭，颜之推在《颜氏家训》中说颜家"吾家风教，素为整密"。

颜之推的父母注重早教，当颜之推还是个孩子时，就让他跟着两个哥哥学规矩、礼仪。他说："昔在龆龀，便蒙诱诲；每从两兄，晓夕温清，规行矩步，安辞定色，锵锵翼翼，若朝严君焉。"他每天跟在两个哥哥身后给父母请安，学着两个哥哥的样子规规矩矩走路，神色安详，言语和气，举止端庄，就像在严父面前一样。

颜之推的父母严厉而又慈爱，他们对孩子们"赐以优言，问所好尚，励短引长，莫不恳笃"。他的父母总是用美好的语言跟孩子们说话，询问孩子们的喜好，指正孩子们的缺点，发现孩子们的优点。他们言辞恳切，让孩子们发自内心地爱他们。

颜之推九岁时父母去世，家业萧条，但他仍然享受着亲情的关爱。他的哥哥担负起父母的职责，把他抚养成人。哥哥对颜之推比较溺爱，要求不严，致使颜之推染上了一些坏毛病，读书不用功，他读了家传的《周官》《左传》，能写一些文章，就骄傲自大，经常信口开河大肆发表"高见"，日常生活中更是不修边幅。

颜之推十八九岁时，认识到自己的问题，从此潜心磨炼意志，只是一时积习难改，直到二十岁以后，他才不大犯错误。

颜之推能够改过，主要是他有儒家"吾日三省吾身"的自省精神。

他在《颜氏家训》中说自己"夜觉晓非，今悔昨失"。他晚上睡觉前反省自己白天做的事情，想想哪件做错了，哪件做对了；早上睡醒回忆一下昨天的事情，想想哪件有失误，哪件换个做法更好。

颜之推还在一个更长的时间线上反省自己，他在成年后回顾少年时光，晚年时回顾早年时光。成年的他悔恨自己少年时不懂事，白白浪费了很多好时光。

颜之推晚年的时候回顾自己一生，觉得仅仅读读古书上的告诫是不够的，这让他萌生了写一部"家训"的想法，让后人吸取自己的教训，少走一些弯路。

二

颜之推很注重教育。

他说："上智不教而成，下愚虽教无益，中庸之人，不教不知也。"特别聪明的人不用教就会，特别愚钝的人教也不会，大部分人是普通人，不教不会，教了才会，所以对普通人而言，教育很重要。

颜之推主张从胎教抓起。

古代圣明君王的王后："怀子三月，出居别宫，目不邪视，耳不妄听，音声滋味，以礼节之。"小皇子还是小孩子时，师、保就教他"孝仁礼义"。普通人家没有这么好的条件，但也应该在孩子知道看大人的脸色时，就让他知道什么是该做的，什么是不该做的。

理想的父母是什么样？

颜之推认为，理想父母应该"威而有慈"，父母"威而有慈"，子女才会"畏慎而生孝"。就像颜之推的父母那样，儿女会有发自内心的敬畏和孝道。

颜之推见过很多父母对孩子有溺爱，无教育。他们放纵孩子吃喝玩乐，孩子的不当行为，应当告诫的，他们夸奖；应该受到呵斥的，他们笑呵呵。等孩子长大了，没有是非观念，一身坏毛病，父母才急了，对孩子又打又骂。可是已经晚了，就是把孩子打死，父母也无法树立起威信，孩子只会越来越怨恨。最后孩子还是会成为道德败坏的人。

颜之推举了两个例子。

一个是大将军王僧辩的母亲魏夫人，魏夫人性情严厉，王僧辩年过四十，领兵三千，他做错了事，魏夫人仍旧用棍棒揍他，所以他能够干成大事业。

某位学士的父亲恰好相反，儿子说句漂亮话，他就恨不能嚷嚷得大街上的人都知道；儿子做了错事，他想方设法帮儿子掩饰。儿子成年以后性情凶暴，最后不得好死。

父子之间应该怎样相处：

> 父子之严，不可以狎；骨肉之爱，不可以简。简则慈孝不接，狎则怠慢生焉。

颜之推认为，父子之间应该有边界感，不能过于亲昵。至亲的亲人，也不能没有礼节。没有礼节很难做到慈和孝，过于亲昵，没大没小，孝心上就会怠慢。

颜之推认为惯子如杀子。

他举了个例子，齐武成帝高湛的儿子高俨，从小聪明伶俐，武成帝和皇后很疼爱他，认为他会很有出息，太子有什么待遇，就让他享受什么待遇。太子当了皇帝以后，他还是认为皇帝有什么，他就应该有什么。有一年见官员向皇帝进献从冰窖取出

来的新冰和早熟的李子，他向官员索取，官员没有给他。他勃
然大怒："皇上有，我为什么没有？"后来他看宰相不顺眼，矫
诏杀宰相。终于引来杀身之祸，被皇帝秘密处死。

颜之推极不喜欢那些拿着儿子去博荣华富贵的人。

他说齐朝有个人让儿子学习鲜卑语和弹琵琶，服侍达官贵
人，获得达官贵人的宠爱，这个人还以此扬扬自得。颜之推认
为这种人如此获得的荣华富贵，他并不羡慕。

三

颜之推被兄长抚养成人，他很注重兄弟之情。

> 兄弟者，分形连气之人也。方其幼也，父母左提
> 右挈，前襟后裾，食则同案，衣则传服，学则连业，
> 游则共方，虽有悖乱之人，不能不相爱也。

在颜之推心里，兄弟是一条枝上结出来的两个果，有着相
似的基因，只是长成了不同的个体。幼年的时候，被父母左手
领着，右手牵着，抱在胸前，背在背后，一块儿吃饭，一件衣
服轮流穿，一块儿上学，一块儿游玩。即使兄弟中有人行为不
好，也不可能没感情。

> 兄弟不睦，则子侄不爱；子侄不爱，则群从疏薄；
> 群从疏薄，则僮仆为仇敌矣。如此，则行路皆踏其面

而蹈其心，谁救之哉！

兄弟们不和睦，子侄们就不会相爱；子侄们不相爱，从子侄们的感情就更淡薄。从子侄们感情淡薄，他们的僮仆就会像仇人。这样，路人也可以欺负他们，踩他们的脸，踏他们的心，也没人会救他们。

颜之推特别注重兄弟之情，这既跟他的个人经历有关，也跟他生活的时代有关。西晋灭亡以后，几百年间动荡不安，人们以宗族为单位，或者筑堡自卫，或者举族南迁。在这样的时代，一个人单打独斗很难生存，只有依靠强大的宗族力量才能生存下来。

宗族是由兄弟和从兄弟组成的血缘群体，兄弟之间不和睦，从兄弟之间更不可能和睦，宗族成员就会离心离德，似一盘散沙，任人宰割。

宗法时代，宗族是一个最可能依靠的力量，一个人丧父失母，最有可能是宗族的其他人把他抚养长大，一个人缺衣少食，最有可能是宗族的人给他提供救济。

故而几乎所有家训都强调睦族。

四

颜之推一生坎坷，他十九岁出仕，在侯景之乱中差点被杀。侯景之乱平定以后，他入梁朝为官。没几年，西魏攻陷江陵，颜之推再次被俘，被押送到西魏。他被西魏大将军李显庆看中，在西魏任职。两年后，颜之推想逃回故乡，他带着妻儿历经千难万险，渡过黄河，来到北齐境内，想借道南下，没想到梁朝最后一个皇帝被陈霸先废掉，梁朝灭亡了。颜之推有家不能回，只好留居北齐，在北齐为官。

颜之推在北齐过了二十年比较安稳的日子，北周灭北齐，他再次成为俘虏，被押送长安，在北周为官。没几年，杨坚篡位，隋朝开始，他又成为隋朝的官员。

颜之推回首往事，感叹自己："予一生而三化，备荼苦而蓼辛。"颜之推历仕五朝，三次经历亡国之痛。

颜之推能在这样复杂的政治环境中生存下来，是因为他品行端正，有才华。虽说一朝天子一朝臣，不论谁做天子，都需要人才。南北朝时期，教育不普及，人才稀缺，颜之推这样的人才，各个朝代都需要。

颜之推生活在动荡的南北朝和隋初，这个时期佛教盛行，颜之推也深受佛教思想的影响，他的《颜氏家训》中既有浓厚的佛教思想，又贯穿着儒家思想。

颜之推认为佛教与儒教本质一样，只是在后来的演变中发生了变化，儒家"五常（仁、义、礼、智、信）"对应着佛家"五禁（不杀生、不偷盗、不邪淫、不饮酒、不妄语）"。

　　仁者，不杀之禁也；义者，不盗之禁也；礼者，不邪之禁也；智者，不酒之禁也；信者，不妄之禁也。

《颜氏家训》的内容驳杂，既有很多家风建设的内容，也有很多学术性内容，这些学术性内容占到《颜氏家训》的一半以上。

颜之推认真钻研学问的精神深深影响着他的儿孙，他的儿孙都博学多才。他的长子颜思鲁工于训诂学，他的孙子颜师古是唐朝初年最优秀的学者，长期担任中书舍人和秘书少监，负责起草皇帝的诏令和校勘古书。

颜师古长于训诂、声韵、校勘，著有《汉书注》《匡谬正俗》等学术性著作，而《颜氏家训》中就有很多训诂、声韵、校勘等方面的内容，故颜师古的学问不是凭空产生的，而是受祖父颜之推的影响，从中也可以看到《颜氏家训》在颜氏家族的传承。

良知好向孩提看，天下无如父子亲

——《杨忠愍公遗笔》

一

嘉靖三十二年（1553）正月，一位中年书生模样的犯人被转到刑部大牢，只见他的两腿肿得像瓦罐，膝盖不能打弯，只能用手扶着两个狱卒的肩，脚不沾地地被拖进牢房。

几天后的一个夜里，这位书生把一个茶碗打碎，拿着碎瓷片，自己动手把腿上的烂肉刮了下来，一直刮到筋膜，再把腐烂的筋膜也刮了下来。给他照明的狱卒见此惊得手中的灯盏差点掉到地上，他说："关公刮骨疗毒还要靠别人，老爷您是自己下手割呀。"

这个刮骨医伤的硬汉就是原兵部武选司员外郎杨继盛，他因为弹劾严嵩十大罪状，被关进锦衣卫镇抚司打了一百四十大棍，然后转到刑部监狱。

因为朝廷对给杨继盛定何罪争执不下，故他在狱中被关了三年。

杨继盛入狱的时候，小儿子杨应箕年方五岁，有一天，他跟着母亲去探监，探视完毕，他不肯离开。狱卒同情杨继盛，就让杨应箕在狱中陪伴了他几天。

杨继盛看着小儿子稚气的脸，想到自己可能与儿子永诀，心里感叹不已，则赋诗一首：

> 良知好向孩提看，天下无如父子亲。
>
> 我有乾坤大父母，孝情不似尔情真。

嘉靖三十四年（1555）十月，严嵩怂恿嘉靖帝下旨将杨继盛处死。

杨继盛早就做好赴死的打算，对于死亡，他不畏惧，他只是牵挂着妻子、儿女和亲人。在临刑的前一天晚上，杨继盛铺开纸笔，把对妻儿亲人的一腔思念写在纸上。

二

杨继盛写给妻子张氏的遗书是《愚夫谕贤妻张贞》。

杨继盛的妻子张贞是个烈性女子，杨继盛入狱时，她曾经伏阙上书，请求代夫受刑。杨继盛害怕他死后，妻子会以死相殉。

他跟妻子说：

> 古人云：死有重于泰山，死有轻如鸿毛。盖当死而死，则死比泰山尤重，不当死而死，则死无益于事，

比鸿毛尤轻。死生之际，不可不揆之于道也。"我一时间死在你前，知你是一个激烈粗暴的性子，只怕你不晓得死比鸿毛尤轻的道理。我心甚忧，故将这话劝你妇人家。"有夫死同死者，盖以夫主无儿女可守，活着无用，故随夫亦死，这才谓之当死而死，死有重于泰山，才谓之贞节。若夫主虽死，尚有幼女孤儿，无人收养，则妇人一身，乃夫主宗祀命脉，一生事业所系于此。若死，则弃夫主之宗祀，隳夫主之事业，负夫主之重托，贻夫主身后无穷之虑，则死不但轻如鸿毛，且为众人所唾骂，便是不知道理的妇人。""我打一百四十棍不死，是天佑我，那时不死，于今岂有死的道理，万一要死，也是重于泰山了。所惜者，只是两个儿子尚幼，读书俱有进益，将来都会成才的，只怕误了他。一个女儿尚未出嫁，无人教导看管，惹人嗤笑。我就死了，留得你在，教导我的儿女成人长大，各自成家立户，就如我活着的一般，我在九泉之下，也放心，也欢喜，也知感激你。如今咱一家无我，也罢了，无你，一时成不得的，便人亡家破，称了人家志愿，惹人家笑。你是一个最聪明知道理的，何须我说千万，只是要你戒激烈的性子，以我的儿女为重方可。

杨继盛劝妻子以儿女为重，不要殉夫。他家有读书的儿子、未嫁的女儿，要靠妻子把他们抚养成人，成家立业。妻子若随他而去，就人亡家破了。

杨继盛有一妾，名叫二贞，杨继盛也做了安排：

> 二贞年幼，又无儿女。我死后，就着她嫁人，衣服首饰，都打发她。我在监三年，她发心吃斋诵经，是她报我的恩了。不可着她在家守寡。

最后，杨继盛让妻子处理好与兄姐的关系。

> 咱哥虽无道理，也无别意，不过只是要便宜心肠。凡事让他些，与他便宜，他就欢喜了，不可与他争。二姐、四姐，要你常常看顾他。五姐、六姐，庶母死后，也要亲近他们。应民自幼养活他一场，也须分与他些地土。其余家事，谅你能善处，我就说在后面，故不须多言。

杨继盛有一个糟糕的原生家庭，他的父亲宠爱小妾陈氏，陈氏恃宠而骄，欺压杨继盛母亲曹氏，曹氏只好带着两儿一女离家分居。大哥与杨继盛是一母所生，他不但不保护弱母幼弟，还把母亲的家产分去一半。年幼的杨继盛跟着母亲和姐姐在田间劳动，瘦弱的身子背着一捆禾，见者无不伤心落泪。

尽管大哥贪婪自私，庶母陈氏善妒刻薄，杨继盛还是希望自己死后，妻子与大哥能搞好关系，他还希望妻子照顾两个出嫁的姐姐，庶母死后，对庶母的两个女儿也好些。

三

杨继盛写给儿子的遗书是《父椒山谕应尾、应箕两儿》。

对两个儿子，杨继盛要说的话太多。他的长子、三子夭折，次子杨应尾年仅十来岁，小儿子杨应箕才七岁，人生的路还长，做父亲的，此时千言万语积在心头。

杨继盛首先教导儿子"立志"：

> 人须要立志。初时立志为君子，后来多有变为小人的。若初时不先立下一个定志，则中无定向，便无所不为，便为天下之小人，众人皆贱恶。

我希望你们发愤，立志做个君子，即使不做官，人人也都敬重你们。故我要你们第一先立志。

杨继盛自己就是立志模范，他七岁丧母，八岁成为放牛娃，一日他经过学堂，听到学生们的琅琅读书声，心里特别羡慕，他的哥哥跟父亲说了，父亲才同意他读书。

杨继盛一边放牛一边读书，最终以优异成绩考中进士。

接着，杨继盛教儿子做人：

> 心为人一身之主，如树之根，如果之蒂，最不可

先坏了心。心里若是有天理，存公道，则行出来便都是好事，便是君子这边的人。心里若存的是人欲，是私意，虽欲行好事，也有始无终，虽欲外面做好人，也会被人看破你。如根朽则树枯，蒂坏则果落，故要你们休把心坏了。心以思为职，或独坐时，或夜深时，念头一起，则自思曰：这是好念，是恶念？若是好念，便扩充起来，必见之行；若是恶念，便禁止勿思。方行一事则思之，以为此事合天理不合天理？若是合天理便行，若是不合天理，便止而勿行。不可为分毫违心害理之事，则上天必保护你，鬼神必加佑你，否则，天地鬼神必不容你。

见一件好事，则便思量，我将来必定要行；见一件不好的事，则便思量，我将来必定要戒；见一个好人，则思量我将来必要学他一般；见一个不好的人，则思量我将来切休要学他，则心地自然光明正大，行事自然不会苟且，便为天下第一等人矣。

他希望儿子注意择友：

你们两个年幼，恐油滑人见了，便要哄诱你们，或请你们吃饭，或诱你们赌博，或以心爱之物送你们，或以美色诱你们，你们一入圈套，便吃他亏，不唯荡尽家业，且使你们成为不好的人。若是有这样人哄你们，便想我的话来识破他。合你们好，若不好便远了他。拣着老成忠厚肯读书肯好学的人，与他肝胆相交，语言必信，逐日与他相处，自然成一个好人，不入下流也。

他要求儿子择名师，多读书、多作文：

习举业，只是要多记多作。四书、五经、记文一千篇，谈论一百篇，策一百问，表五十道，判语八十条。有余功，则读五经白文，好古文读一百篇。每日作文一篇，每月作论三篇，策三问，切记不可一日无师傅。无师傅，则无严惮，无稽考，虽十分用功，终是疏散，以自在故也。又必须择好师，如一师不惬意，即辞了另寻，不可因循迁延，致误学业。又必择好朋友，日日会讲切磋，则举业不患其不成矣。

与人相处上，他的看法是：

与人相处之道：第一要谦下诚实，同干事则勿避劳苦，同饮食则勿贪甘美，同行走则勿择好路，同寝睡则勿占床席。宁让人，勿使人让我；宁容人，勿使人容我；宁吃人亏，勿使人吃我亏；宁受人气，勿使人受我气。人有恩于我，则终身不忘，人有恶于我，则即时丢过。见人之善，则对人称扬不已，闻人之过，

则绝口不对人言。人有向你说某人感你之恩，则云
"他有恩于我，我无恩于他"，则感恩者闻之，其感益
深；有人向你说某人恼你谤你，则云"他与我平日最
相好，岂有恼我谤我之理"，则恼我谤我者闻之，其怨
即解。人之胜似你，则敬重之，不可有忌刻之心；人
之不如你，则谦待之，不可有轻贱之意。又与人相交，
久而益密，则行之邦家，可无怨矣。

儿子要不要做官，他的看法是：

你读书，若中举中进士，思我之苦，不做官也可。
若是做官，必须正直忠厚，赤心随分报国，固不可效
我之狂愚，亦不可因我为忠受祸，遂改心易行，懈了
为善之志，惹人父贤子不肖之诮。

他希望两个儿子孝敬他们的母亲：

你母是个最正直不偏心的人，你两个要孝顺他，
凡事依他，不可说你母向那个儿子，不向那个儿子；
向那个媳妇，不向那个媳妇。要着他生一些儿气，便
是不孝。

杨继盛希望两个儿子团结一心，不要像他那样一生吃尽兄

弟不和的苦头：

　　你两个是一母同胞的兄弟，当和好到老。不可各积私财，致起争端；不可因言语差错，小事差池，便面红耳赤。应箕性暴些，应尾自幼晓得他性儿的，看我面皮，若有些冲撞，担待他罢！应箕敬你哥哥，要十分小心，和敬我一般的敬才是。若你哥哥计较你些，你便自家跪拜与他赔礼；他若十分恼不解，你便央及你哥相好的朋友劝他。不可他恼了，你就不让他。

他让儿子无论如何不要兄弟相残，去打官司：

　　你两个不拘有天来大恼，要私下请众亲戚讲和，切记不可告之于官。若是一人先告，后告者把这手卷送至于官，先告者即是不孝，官府必重治他。

　　他的两个儿子虽然年幼，但都定了亲。他希望将来大儿媳爱护弟媳，不要因为弟媳是官宦之女而忌妒她，小儿媳尊敬大嫂，不要在大嫂面前显露官宦之女的优越感。

　　他的几个侄子对他不敬，曾经跟着大哥往他家里扔砖头，他希望儿子原谅几个堂兄。

　　他的两个姐姐家道贫寒，他希望儿子能够照顾姑姑，庶祖母生的两个姑姑也不要视为路人。

他的长女尚未出嫁，若是女儿将来嫁入寒门，他希望妻子资助女儿时，两个儿子不要阻拦。

他从小抚养长大的杨应民、曲钺和几个服侍过他的仆人，他希望儿子善待他们，分给他们一些房屋田产，让他们自耕自食。

他嘱咐家人防奸防盗，注重积蓄，节俭生活，不要跟别人比吃比穿比住，不要借贷，地够种就行，不要买很多地。

他让儿子把他的遗嘱供在他的灵前，每逢初一、十五，一家人诵读一遍，永远铭记！

写完，杨继盛心里敞亮了很多，如同卸下千斤重负。第二天，他念着"浩气还太虚，丹心照万古。生平未报恩，留待忠魂补"的绝命诗走向刑场。

他的儿子们记住了他的遗训，他的妻子也听从他的劝告，没有殉夫，含辛茹苦把儿女抚养成人，直到七十多岁善终。

父慈以善教为大，子孝以承志为大

——张履祥《训子语》

一

张履祥是明末清初理学家，万历三十九年（1611），他出生于浙江桐乡一个很有名望的家庭。

张履祥的一生很艰辛。他的祖父学识渊博，但是不善于经营产业，致使家道中衰。他八岁时，跟一群孩子在街上玩耍，听说父亲回来了，他以为父亲会带好吃的给他，高高兴兴回到家，看到家中的老婢在厨房里哭泣，才听说父亲病逝了。接着他看到一家人聚在一起大哭，才意识到父亲真的走了。

张履祥的母亲沈氏是一位坚强的女性，丈夫病逝后，她独自抚养三个年幼的儿女。孤儿寡母的日子本来就难过，还有个恶邻想乘人之危，谋夺张家的田产。

就是在这样艰难的条件下，沈氏仍然让两个儿子读书，为了给儿子凑学费，她每天纺绩到半夜。

沈氏跟两个儿子说："孔子和孟子都是没有父亲的儿子，他们很有志向，最后成为圣贤之人，你们不读书，不继承你们父亲的遗志，你们的父亲在九泉之下也不能安心。"

母亲的话激励着张履祥，他发愤读书，十五岁考中秀才。正当他打算继续攀登时，他的祖父和母亲相继病逝。后来，他家又遭遇一劫，盗贼到他家中偷东西，逃跑时放了一把火，把张家停放先人棺材的攒室给焚毁了。张履祥听到消息悲伤过度，大病一场，从那以后时常发病，身体健康受到很大影响。

"家亡"就够不幸，在张履祥三十来岁，又赶上"国破"，清军入关，明朝灭亡，他的恩师刘宗周绝食而死。

张履祥被刘宗周的气节所感动，他隐居乡间，一边在私塾教书，与朋友探讨学问，一边参加农业劳动，终身没有谋取功名。

张履祥十八岁与诸氏结婚，诸氏为其生有两子，都不幸夭折。张履祥哥哥的儿子也不幸夭折。张履祥为了延续家族血脉，纳妾朱氏，朱氏给他生了儿子张维恭和张与敬。张维恭出生时，张履祥已经四十七岁；张与敬出生时，张履祥五十五岁。

两个儿子相继出生，张履祥心里很高兴，想到自己年迈，恐来不及教导儿子长大成人，他心里又很焦急。

张履祥想趁着自己还有精力，把他对儿子的期望写下来，让儿子将来遵照实行，不忘先人之志。他认为把儿子养大，父母只尽了一半责任，把儿子引导走向正途，父母才尽到另一半责任。

康熙四年（1665），张履祥写出《训子语》初稿，请他的兄长张维祯和他早年的老师诸先生审定。康熙六年（1667），张履祥又写完第二稿，请好友帮他审定。将来他不在了，儿子有一份指导书，人生的路也不会走歪。

二

《训子语》分为上下两卷。

上卷包括："祖宗传贻积善二字"，凡六条；"子孙固守农士家风"，凡九条；"立身四要：曰爱曰敬曰勤曰俭"，凡十一条；"居家四要：曰亲亲曰尊贤曰敦本曰尚实"，凡十七条。

张履祥引用古今名言，说明人为什么要行善。

朱元璋说："江南风土薄，只愿子孙贤。"

《易经》上说："积善之家，必有余庆。积不善之家，必有余殃。"又说"善不积不足以成名，恶不积不足以灭身。"

尧舜"五典"："父子有亲，君臣有义，夫妇有别，长幼有序，朋友有信。"

周礼"六行"："孝、友、睦、姻、任、恤。"

洪武年间的乡约："孝顺父母，尊敬长上，和睦乡里，教训子孙，各安生理，毋作非为。"

《尚书》："惟民生厚，因物有迁。"

《中庸》："君子之所可及者，共惟人之所不见。"

《淮南子》："有阴德者，必有阳报。"这些都是教人向善之语。

"子孙固守农士家风"是让儿孙守住耕读之家的优良传统，

哪怕生活艰难，也不要去当戏子伶人、市井无赖、衙役胥吏之流。戏子伶人卖笑陪酒，时常沦为权贵玩物；市井无赖敲诈勒索，欺压弱小；衙役胥吏狐假虎威，仗势欺人。干上这些行业，就没有质朴之心了。

张履祥推崇"耕读"的生活方式，既不失朴实本分，又有精神上的追求。

"耕"与"读"不可偏废，"读而废耕，饥寒交至；耕而废读，礼仪遂亡"。在传统的士大夫心中，"耕读之家"是他们的基础梦想。

张履祥说的读书是读圣贤之书，读圣贤之书的目的是明理。

他不喜欢功利性读书，也不喜欢社会上对农民的歧视。他认为每个人都应该接受基础教育，懂得礼义廉耻，然后适合当农民的就当农民，适合读书的就读书，适合练武的就练武。不能不说，张履祥的理念在当时还是很先进的。

张履祥提出"立身四要"和"居家四要"说。

"立身四要"是：爱、敬、勤、俭。

"立爱自亲始""立敬自长始"，培养爱心，要从爱亲人开始，培养恭敬观念，要从尊重长辈开始。我们现在的感恩教育，经常要求孩子回家给父母洗脚，虽然有些形式化，但也说明，培养爱心要从对亲人的爱开始。

不论"爱"还是"敬"，张履祥都提倡从自身做起。

在张履祥心中，爱是从内向外推进的，从爱父母起，再爱家人，爱宗族，爱乡邻，爱朝廷邦国。爱意味着责任，要勇于担责，注重乡邻对自己的评价，经常听取乡邻的意见，可以避免很多错误。

"勤"与"俭"相辅相成，家里有田地，要尽力耕种，"田畴不垦，宁免饥寒？子孙不教，能无败亡？"生活上要节俭，从小培养节俭习惯，不能有奢侈之心。有了奢侈之心，多少钱也不够用，若有余钱可买"公田"救济族人。

"居家四要"是：亲亲、尊贤、敦本、尚实。

"亲亲"是亲近自己的亲人，重视"三纲五常"。

张履祥认为，儒家"五伦"之中，父子、兄弟、夫妻是家庭中最重要的三种关系，其中父子关系是各种关系的根本，父子关系处理好了，所有的关系都好处理，父子关系处理不好，别的关系都不好处理。

"尊贤"是尊重贤德之人。无论是宗族还是亲戚，都有贤德之人和不贤之人，这是上天注定，要学会辨别，宽容接纳他们。注重对自己孩子的教育，让他们成为贤德之人。

"敦本"是干好自己的本行，君像君，臣像臣，士像士，民像民。不要整天妄想当官、发财、享清福、过快活日子，分内之事不认真做，一定会遇到忧患。

"尚实"是重视实业，人活在世上不能没钱，衣食住行、婚丧嫁娶、人情往来，样样用钱。君子爱财，取之有道，钱的来源必须是清白的。"君子赢得为义，不言利而利存。小人赢得为利，利未得而害伏。"

三

《训子语》的下卷包括："正伦理"，凡二十七条；"笃恩谊"，凡十七条；"远邪慝"，凡八条；"重世业"，凡十七条；"承式微之运，当如祁寒之木，坚凝葆固，以候春阳之回。处荣盛之后，当如既华之树，益加栽培，无令本实先拨"，凡八条；"平世以谨礼义、畏法度为难，乱世以保子姓、敦里俗为难。若恭敬、撙节、退让，则无治乱一也"，凡八条；"恂恂笃行是贤子孙，佻薄险巧、侮慢虚夸是不肖子孙"，凡七条；"要以守身为本，继述为大"，凡八条。

"正伦理"是端正名分，也就是厘清家族成员的身份与对应的责任。"名分一乱，未有不亡"，"坏国、丧家、亡人，必先弃其礼"。

"笃恩谊"是家族和睦，长辈像长辈，晚辈像晚辈，跟亲戚、朋友、故旧世好、宗族乡邻搞好关系，对鳏寡孤独之人，要尽力帮助他们。客人来了热情接待，在外遇到同乡要好好相处，对仆人要宽严适度，善待奴仆。

"远邪慝"是远离邪恶之人，好好读书，与好人交往，不要与算命、看风水、和尚、道士、尼姑等人来往，尽量居住在风气淳朴的地方。

"重世业"是好好爱护祖先留下来的物品，祠堂、坟墓、祖宅、田产、书籍要好好守住，土地要好好种植，隙地种上瓜菜。张履祥不希望儿孙买很多地，桐乡人多地少，一家买很多地，另外的人家就会没地种。

"承式微之运，当如祁寒之木，坚凝葆固，以候春阳之回。处荣盛之后，当如既华之树，益加栽培，无令本实先拨"，这部分有不少实用性的生活格言：

> 凡家不可太贫，太贫则难立；亦不可太富，太富则易淫。
>
> 富贵败坏人，有甚于贫贱者。
>
> 勿萌妄想，勿作妄求。妄想坏心术，妄求坏廉耻。

"平世以谨礼义、畏法度为难，乱世以保子姓、敦里俗为难。若恭敬、撙节、退让，则无治乱一也"，是张履祥教儿子遵守礼仪，恪守法度，及时纳税，积极服役，勿忘耕读。

"恂恂笃行是贤子孙，佻薄险巧、侮慢虚夸是不肖子孙"，是张履祥论述怎样才是一个贤良儿孙，儿孙富贵未必是幸事，儿孙贤良才是幸事。贤良儿孙要忠信谨慎，奋发有志，懒懒散散、拖拖拉拉、得过且过，一生都不会有出息。

"要以守身为本，继述为大"，是张履祥让儿子无论顺境还是逆境，都要爱惜自己。注重声誉，继承祖先的优良家风。

四

《训子语》是张履祥晚年的重要著述，他以一个理学家和父亲的双重身份对儿子谆谆教导，希望儿子长大以后注重道德修养，保持耕读之风，在延续张家血脉的同时，延续张家的优良家风。

张履祥写书时已年老，哥哥年龄更大，妾室没文化，虽然他把儿子托付朋友教诲，难免不周到，他很想把一生所学所思全都告诉儿子，故而反复叮咛，使《训子语》内容失于繁复，语言失于啰唆。

虽然如此，我们仍从《训子语》中看到一位父亲对儿子的拳拳爱心，这是一位清贫学者留给儿子的最珍贵财富。

家人儿女，总是天地间一般人

——郑板桥家书

关于郑板桥教子，有个故事：

郑板桥病重时，让儿子小宝亲手蒸了几个馒头端到跟前，郑板桥看了看儿子蒸馒头的手艺，满意地点点头，他嘱咐小宝："流自己的汗，吃自己的饭，自己的事自己干，靠天靠人靠祖宗不算好汉。"

这个故事，很可能是杜撰，一个人临终前说话不可能这么合辙押韵的。

以名人为主人公的民间故事有个特点：事迹不一定是真的，但是一定会非常符合这个人的性格特点。

"郑板桥教子"这个故事，主人公是郑板桥，人们会相信，换成"秦桧教子""和珅教子"，就没人相信。

因为人们认为郑板桥会说出那样的话来，秦桧、和珅，无论如何不会这样说，他俩不是这样的人。

一

郑板桥是个苦孩子，不到四岁，母亲就去世了。没娘的孩子不仅生活上没人照料，在人生道路上，也比别的孩子坎坷。

父母是孩子的第一任老师，幼年丧母，使人生初始阶段就丧失一半老师。如果没有一个好人充当起"半师"的职责来，就会有坏人乘虚而入。一个人孩童时期三观不正，以后纠正会很困难。

郑板桥很幸运，他在生命之初遇到一个好人，他的乳母费氏。

费氏原先是郑板桥祖母的婢女，郑板桥丧母以后，她承担起照顾郑板桥的责任。那时正闹饥荒，郑家也没余粮了，费氏就在自家吃饭，然后去郑家照顾小板桥。

每天早上，费氏背着郑板桥去早市，用一文钱买一块热乎乎的饼，塞到郑板桥的小手上。看着郑板桥开开心心啃着饼，费氏脸上露出满意的笑容。

费氏家里有什么好东西，她也是先给郑板桥吃，然后自家人才吃。

就这样过了好几年，费氏家里实在负担不起，她丈夫要她离开郑家。费氏流着泪把郑板桥祖母的衣服拆洗干净，给郑家的水缸里挑满水，买了几十捆柴堆在郑家的灶前，又给郑板桥做好饭温在锅里，这才悄悄离开。

早上，郑板桥来到乳母屋里，看到屋里破旧的家具，温在锅里的饭菜，哭得难以下咽。

费氏是郑板桥人生道路上的启蒙老师，她虽没文化，不会读写，可她用她的行为感染着郑板桥，让郑板桥知道，人间处处有温暖。当你陷入困境时，有人伸出一只手把你拉上来，你看到别人陷入困境时，你也想伸出一只手，把别人拉上来。

这是爱的传递。

二

一晃几十载，郑板桥已经五十二岁，他考中进士，做了官，在范县担任县令。这时，他的侧室饶氏给他生了一个儿子。

郑板桥原先有个儿子，不幸夭折。五十多岁好不容易又有个儿子，郑板桥别提多激动。

很多父亲这时候会想，我年龄大了，我要尽我所能给儿子多留些钱财。

郑板桥想的是：儿子在老家，由我的继室、侧室和堂弟一家照顾。两个母亲肯定是溺爱孩子，堂弟因为是他的侄儿，会不忍心严加管教。别人又因为我是县令的缘故高看儿子一眼，这样孩子会被惯坏的。

想到这里，郑板桥拿起纸和笔，给堂弟郑墨写信：

　　余五十二岁始得一子，岂有不爱之理！然爱之必
以其道，虽嬉戏玩耍，务令忠厚，毋为刻急也。平生

最不喜笼中养鸟，我图娱悦，彼在囚牢，何情何理，
而必屈物之性以适吾性乎！至于发系蜻蜓，线缚螃蟹，
为小儿玩具，不过一时片刻便折拉而死。上帝亦心心
爱念，吾辈竟不能体天之心以为心，万物将何所托命
乎？我不在家，儿子便是你管束。要须长其忠厚之情，
驱其残忍之性，不得以为犹子而姑纵惜也。家人儿女，
总是天地间一般人，当一般爱惜，不可使吾儿凌虐他。
凡鱼飧果饼，宜均分散给，大家欢嬉跳跃。若吾儿坐
食好物，令家人子远立而望，不得一沾唇齿；其父母
见而怜之，无可如何，呼之使去，岂非割心剜肉乎！
夫读书中举中进士作官，此是小事，第一要明理作个
好人。

我五十二岁才有一个儿子，我怎么会不爱他？然而，我越
爱他，越要教他做人的道理。你们给他准备玩具的时候，不要
捉小昆虫让他玩，要让他从小学会敬重生命。他跟仆人的孩子
一起玩耍的时候，不要让他欺负仆人的孩子。他吃好东西的时
候，一定要分给仆人的孩子，不要他坐在那里吃，仆人的孩子
眼巴巴在一边看。仆人的孩子也是孩子，他们的父母没有好东
西给孩子吃，只能呵斥孩子走开，心里岂不难过？孩子长大了
干什么？这是天下父母都会想的问题。考科举，中进士，这是
当时几乎所有父母的梦想，在郑板桥看来，做官不重要，重要
的是做个好人。孩子长大了是个好人，做农夫他也高兴，孩子

长大了不是个好人，做官他也不喜欢。

三

一晃又是数年，郑板桥的爱子长到六岁，该上学了。郑板桥又拿起笔，给堂弟写信，嘱咐四件事：

一是富贵子弟大多不成器，成器的大多是贫寒子弟。有的富家子弟败光家业，沦落为乞丐，有的虽能吃上饭，已经读不起书，沦为文盲，偶尔有人发达，写出来的文章也没有深度。我虽然是小官儿，不是富贵人家，我也希望我的孩子不要像他们。

二是让儿子在学堂里有礼貌。我的儿子在学堂里年龄最小，让他对年龄大的同学称"先生"，小的称"兄"，不能直呼同学的姓名。

三是帮助贫困同学。咱家的笔墨纸砚，不时分给同学一些。穷人家的孩子，寡妇的孩子，若有仿字簿都买不起的，要装作无意的样子送给他们一些。雨天孩子回不了家，留他们在咱家吃饭，傍晚的时候给他们双旧鞋，让他们穿着旧鞋回家，免得弄脏他们的新鞋，穷人家孩子没有多余的鞋，鞋子脏了没得穿。

四是敬师。选择老师要慎重，已经选定，就要敬重老师，不要吹毛求疵，如果老师的业务水平不行，明年另请老师，但是该付的酬劳要付上。

信末，郑板桥附上几首简单易懂的诗，让堂弟教给他儿子，让他儿子背给两个娘和叔叔婶婶听，背得好，就给孩子个果子做奖品。

这四首诗是：

二月卖新丝，五月粜新谷。
医得眼前疮，剜却心头肉。

锄禾日当午，汗滴禾下土。
谁知盘中餐，粒粒皆辛苦。

昨日入城市，归来泪满巾。
遍身罗绮者，不是养蚕人。

九九八十一，穷汉受罪毕。
才得放脚眠，蚊虫獦蚤出。

这都是历代反映民间疾苦的诗句（最后一首是九九歌），郑板桥想让儿子知道世间的人并不都能丰衣足食，还有很多人吃不上饭，穿不上衣。我们在同一个世界里，不能对他们的痛苦视而不见。

心里装着他人，要从小培养。

四

由于古代医疗条件落后，郑板桥的这个儿子也不幸夭折，他晚年只好过继堂弟郑墨的儿子为嗣。

郑墨是郑板桥叔叔的独子，两人手足情深。郑板桥在外做官，家中事务都托付给堂弟打理。郑墨资质不算很好，郑板桥没有劝他考功名，而是让堂弟在家中老实读书务农。

郑板桥辞官之时，一担行囊，两袖清风。回乡以后，郑板桥以卖字画为生。

他给自己的字画明码标价："大幅六两，中幅四两，小幅三两，条幅对联一两，扇子斗方五钱。"

自古文人爱面子，很少有像郑板桥这样光明正大收钱的，在他看来，他写字画画，跟农民种地、工人做工一样，他以劳动获得的报酬，他拿得坦坦荡荡，问心无愧。

因此他一个堂堂进士沦落到卖字画为生，他一点也不羞愧。

郑板桥家雇仆人，从来不跟仆人签契约，任仆人们爱留则留，愿走就走。

郑板桥做秀才时，有一次从家中一个箱子里发现早年仆人签的卖身契，他在灯下悄悄烧掉，既没有留下当作证据，也没有还给那些仆人的儿孙，免得那些仆人看到先人的卖身契感到难堪。

郑家的佃户，郑板桥称他们为"客户"，以主客之礼待他们。他嘱咐堂弟，客户"有所借贷，要周全他；不能偿还，要宽让他"。他还嘱咐堂弟，天冷的时候，穷亲戚们上门，先泡上一碗炒米送到他们手里，拿上一碟酱姜作小菜，让他们吃碗热饭暖暖身子。

郑板桥当上县令，领到的官俸让堂弟拿回去分给贫穷的族人、同学和乡邻。

他在信中详尽列出来：

> 南门六家，竹横港十八家，下佃一家，派虽远，亦是一脉，皆当有所分惠。骐骥小叔祖今安在？无父无母孤儿，村中人最能欺负，宜访求而慰问之。自曾祖父至我兄弟四代亲戚，有久而不相识面者，各赠二金……徐宗于、陆自义辈，是旧时同学，日夕相征逐者也，今皆落落未遇，亦当分俸以敦夙好……其余邻里乡党，相周相恤，汝自为之，务在金尽而止。

郑板桥很早注意到郑家有些远支生活困难，一年到头吃糠咽菜，只是他们人数太多，郑板桥家也不富裕，无力帮助他们，故而他当了官，领了薪俸，就让堂弟给这些贫困族人每家送上几两银子改善生活。

> 衙斋卧听萧萧竹，疑是民间疾苦声。
> 些小吾曹州县吏，一枝一叶总关情。

这是郑板桥在潍县县衙里写的诗。他是个心中装着民间疾苦的人，在做官与做人之间，他始终以做人为第一要义。

所以本文开头那个故事以郑板桥为主人公，虽然郑板桥不一定说过那样的话，但是反映的是郑板桥的思想，他就是个希望自己和自己的后代都自食其力的人。

（六）

孝悌

且夫孝，始于事亲，中于事君，终于立身

——司马谈《命子迁》

一

公元前 110 年，西汉太史令司马谈病重，临终前，他把儿子司马迁唤到身边。他伸出枯瘦的手，握住儿子司马迁的手，流着泪给儿子留下最后的遗训：

> 余先周室之太史也。自上世尝显功名于虞夏，典天官事。后世中衰，绝于予乎？汝复为太史，则续吾祖矣。

司马谈跟儿子司马迁说："我们司马家族是一个有优秀传承的家族，我们的祖先是周朝的太史官，在更早的夏朝和虞朝时，我们的老祖宗就名声显扬，掌握王朝部落的天文历法，后世不幸衰落了，这个事业要断绝在我这里了吗？你以后继续担任太史，我们家族的事业就有继承人了。"

司马谈跟司马迁谈祖先的光荣历史，是让儿子司马迁内心产生自豪感。司马谈深知修史的过程艰难困苦，要熬尽儿子司马迁一生的时光，而这对司马迁几乎没有现实利益。

这是个人修史，没有人给司马迁提供资金支持，甚至没有人夸奖他两声，鼓励他几句，让他心灵上得到慰藉。他只能一个人一生默默地做一件事，没有强大的内心驱动力，他很可能会畏惧修史的艰辛而放弃。

司马谈向司马迁讲述家族历史，是想告诉儿子，太史令这个工作，虽然清贫，可是只有博学之人才能担任，上古部落之时，史官是个让人尊重的职业。

到汉代的时候，太史令已经是一个没有存在感的官职，无权无势，无人把太史令放在眼里。司马谈想告诉儿子，不是所有的工作都可以用物质来衡量，有些工作物质上匮乏，精神上富有，太史令就是这样一个工作。

司马谈想让儿子在祖先精神的激励下完成修史大业，不然儿子很可能会追求世俗成功，不屑于这个清贫而无聊的工作。

司马家族在战国和秦汉之时名人辈出，司马谈的祖先司马错是战国时期秦国的名将，他助秦国吞并蜀国，为秦国开辟一块后方基地，还多次打败楚、魏等国。司马错的孙子司马靳是白起的部将。司马迁的高祖、曾祖都在秦、汉为官，他的祖父没有做官，但是个有爵位的人。

司马谈说"后世中衰"不是司马家族没有名人，而是司马家族的史学传统中衰。

在司马谈心里，官职、爵位、赫赫武功，都不如传承祖先的史学传统光荣，尽管从事这项工作意味着一世清贫，但对一个族群来说更有意义。

> 今天子接千岁之统，封泰山，而余不得从行，是命也夫！命也夫！余死，汝必为太史；为太史，无忘吾所欲论著矣。

司马谈病逝前，汉武帝在泰山举行封禅大典。封禅是古代最隆重的祭祀活动。司马谈是掌握天文历法的太史令，本应当参与这个重大典礼，他却因为生病不能参加，这让他心中充满遗憾。他说："这就是命啊！这就是命啊！"

唯一让司马谈感到欣慰的是，他的儿子司马迁已经长大成人。他死以后，他的儿子司马迁会接任太史令。他告诉儿子："你接任太史令以后，一定不要忘记我想著一部史书的愿望，替我完成这个遗愿。"

二

什么是孝？

人们通常认为"事亲"就是孝，司马谈不这样认为，他认为"孝"是分层次的："且夫孝，始于事亲，中于事君，终于立身。扬名于后世，以显父母，此孝之大者。"

司马谈的话来自儒家十三经之一的《孝经》。孔子与曾子议论先王之道，孔子说：孝是一切美好德行的基础。关于什么是"孝"，孔子说："身体发肤，受之父母，不敢毁伤，孝之始也。立身行道，扬名于后世，以显父母，孝之终也。夫孝，始于事亲，中于事君，终于立身。《大雅》云'无念尔祖，聿修厥德'。"

司马谈非常赞同孔子的说法。他认为"事亲"是初级之孝。"父母在，不远游"，"谨身节用，以养父母"，"今之孝者，是谓能养。至于犬马，皆能有养，不敬，何以别乎？""生，事之以礼；死，葬之以礼，祭之以礼。"这是初级之孝，是不需特别费力就能做到的。

中级之孝是"事君"，侍奉君主，为国出力。这对一个人来说难度更大，更有挑战性，其不仅要在家庭中发光发热，还要在社会上发挥作用，给父母带来更多的光荣。中级之孝大于初级之孝，我们经常说"忠孝不能两全"，事亲与事君之间经常存在矛盾，一个人在事君与事亲之间不能两全时，他选择事君是可以理解的。

高级之孝是什么？孔子和司马谈都认为是"立身"，一个人内外兼修，成为一个道德高尚、事业有成的人，让父母为儿子的成就感到骄傲，让父母沾儿子的光，扬名于后世，这是最高层次的孝。就像《大雅》上说的"追念你的祖先，修养自己的德行"。

司马谈希望儿子做一个最高级别的孝子，把"立身"当作人生目标，传承祖先的史学传统，用毕生精力完成一部史学著作，千年万载之后人们记得这部书，记得这部书的作者和培养他的父母，这就是最好的孝行。

司马谈举了两个"孝之大"的例子，让司马迁向他俩学习。

一个例子是周公。他说：

> 夫天下称诵周公，言其能论歌文、武之德，宣周、召之风，达太王、王季之思虑，爰及公刘，以尊后稷也。

天下之人都称颂周公。周公在周武王死后辅佐年幼的周成王，使周王朝度过危险的过渡期。世人歌颂周文王、周武王的德行，宣扬周公、召公的品行，通晓周太王、王季的思想，记住公刘的功业，尊崇周的始祖后稷。

另一个例子是孔子，他说：

> 幽、厉之后，王道缺，礼乐衰，孔子脩旧起废，论诗、书，作春秋，则学者至今则之。

周幽王、周厉王之后，周王朝衰败，礼崩乐坏，孔子整理旧有的书籍，修复废弃的礼乐，编纂《诗经》《尚书》，创作史学著作《春秋》，直到今天学者都把孔子的著作当作规则。

在司马谈心里，周公、孔子就是大孝之人，周公让周朝历代祖先的思想得到继承，孔子整理文化典籍，修复社会秩序，让文明得以延续，这都是"孝之大"的具体体现。

自获麟以来四百有余岁，而诸侯相兼，史记放绝。

今汉兴，海内一统，明主贤君忠臣死义之士，余为太

史而弗论载，废天下之史文，余甚惧焉，汝其念哉！

司马谈痛心地跟儿子说："从孔子创作《春秋》过去四百年，诸侯兼并，战乱不断，史学创作再次断绝。现在汉朝兴起，天下统一，出现很多明主、贤君、忠臣、义士，我作为史官却没能把他们的事迹记载下来，让天下修史事业中断，我感到很恐惧，你不要忘记我的遗愿。"

司马迁哭着跟父亲说："儿子虽然不够聪敏，但我会尽心尽力编纂史书，不敢让史料缺失。"

司马谈在病床上点点头，安详地闭上了眼。

三

司马迁的父亲司马谈一生的愿望是恢复中断的史学传统，写一部史书，把古往今来的明主、贤君、忠臣、义士记录下来，不让时光把他们埋没。

但是这个任务太繁重，不是一个人一生可以完成的。司马谈收集了很多资料，有了初步构想，可是他还没来得及动笔写作，他的生命就走到了尽头。

临终之时，他没有嘱咐儿子打理家业，没有教导儿子怎样谋取现实利益，而是让儿子继承祖先的史学传统，接续中断四百年的史学创作，完成一部震古烁今的史学著作。他让儿子

不要拘泥于世俗的孝行，不要受现实的利益诱惑而改变人生方向。

司马谈在世时，他就培养儿子司马迁对史学的热爱，让司马迁钻研学问，跟随大学者董仲舒和孔安国学习《春秋》和《尚书》。他不仅让司马迁读万卷书，还让他行万里路，从司马迁二十岁起，他就让他遍走大江南北，考察名胜古迹，访问历史遗事，了解各地风土人情，为其将来写史书开阔眼界，积攒资料。

孔子说："三年无改于父之道，可谓孝矣。"从这个标准上看，司马迁绝对是个大孝子，他不是三年无改于父之道，而是三十年无改于父之道。司马迁记住父亲的话，穷竭一生精力著成辉煌的《史记》一书。

尽管司马谈已经为司马迁写作打好了基础，勾画了蓝图，司马迁自己也做了很多准备，但是写书的过程仍然艰难无比。由于秦朝的焚书政策，导致各诸侯国的史料严重缺乏，从民间搜集来的材料错讹纰漏，需要做大量的甄别工作。

司马迁写《史记》的年代，纸张还没有出现，无论是司马迁的写作材料，还是司马迁翻阅的历史资料，都是写在竹木简上。竹木简笨重无比，翻阅困难。《史记》记载了三千多年的历史，字数多达五十多万字，不难想见这是一项多么浩大的工程！

司马迁为了写书，断绝宾客往来，家业也顾不上，废寝忘食，一颗心全扑在著书上。在写书过程中，他还遭遇了奇耻大辱。公元前 99 年，李广之孙李陵出征匈奴，因援军未到，粮尽矢绝只好投降匈奴。司马迁认为李陵是名将之后，珍惜名声，降敌是不得已，若朝廷给他机会，他还会回归汉朝效力。可不愿承认自己用人失误的汉武帝勃然大怒，下令对司马迁处以腐刑。

司马迁信奉"身体发肤，受之父母"，让他接受这种摧残身体的刑罚生不如死，他很想一死了之。但是想到他若死了，史书的写作就会半途而废，他只好忍辱活了下来。

司马迁最终完成了父亲的遗愿，写出了被鲁迅赞为"史家之绝唱，无韵之离骚"的《史记》，保存了中华民族的记忆，成为历代史书的范本。

司马迁在父亲的构思基础上，一个人筑起了一座历史学的雄伟大厦，他的丰功伟绩将被我们千秋万代永远铭记。

人之至亲，莫过于父子兄弟

——袁采《袁氏世范》

一

宋孝宗淳熙五年（1178），乐清县县令袁采在处理公务之余，写了一本名为《俗训》的书。

这本书很有意思，袁采不是写给家人看的，而是写给乐清县的百姓看的。他想通过这本书教化百姓，告诉他们怎样避免生活中的矛盾，怎样加强道德修养，怎样建立和睦的家庭秩序。

袁采写这本书的时候，就想让"田夫野老，幽闺妇女，皆晓然于心目间"，因此他不讲究修辞章法，语言通俗，内容浅白，絮絮叨叨谈日常琐事。

此书面向世俗之人，谈的是世俗之事，袁采最初定的书名是《俗训》。

让袁采没想到的是，他这本书一经问世，就受到人们热烈欢迎，大家争相借他的手稿抄录。袁采应接不暇，决定把这本书刻印出来，让更多的人能读到。

　　袁采想让他的好友刘镇给这本书写序，刘镇拿到袁采的手稿后，越读越喜欢，津津有味地读了几个月。刘镇不仅给这本书写了序，还高度评价这本书说："不仅乐清人民可以读，全国人民都可以读，不仅当世之人可以读，后世之人也可以读。"

　　刘镇认为《俗训》这个书名不够大气，故他建议书名改为《世范》，意为"世人生活之范本"。袁采开始不同意，后来还是接受了刘镇的建议，于是这本书定名为《世范》，人们又称之为《袁氏世范》。

　　袁采是浙江信安人，宋孝宗隆兴元年进士，先后出任乐清、政和、婺源三县县令，以"廉明刚直"著称，后来官至监登闻检院，掌管吏民奏章疏议和上书鸣冤之事。

　　袁采德才兼备，他在乐清当县令时，修县志十卷，在政和当县令时，著有《政和杂志》《县令小录》等书，只是这些书已佚失，保存下来的只有《袁氏世范》一书。

　　《袁氏世范》共三卷，分别是"睦亲""处己""治家"。《四库全书提要》对《袁氏世范》评价很高，认为它在家训中的地位仅次于《颜氏家训》。

　　　其书于立身处世之道，反覆详尽。所以砥砺末俗者，极为笃挚。虽家塾训蒙之书，意求通俗，词句不免于鄙浅，然大要明白切要，使览者易知易从，固不失为《颜氏家训》之亚也。

二

第一部分"睦亲"，共六十则，论述父母、子女、兄弟、夫妻、叔侄、亲戚、过继、收养、娶嫁等问题。

儒家重人伦，把父母子女的感情当作人伦的起点。袁采的《袁氏世范》也是从父母、子女、兄弟的关系论起。他说："人之至亲，莫过于父子兄弟。"

袁采没有板着脸教训人，让儿子必须孝敬父母，弟弟必须恭顺哥哥，而是剖析父母、子女、兄弟关系如此亲近，仍然时常闹矛盾的原因。

在袁采看来，父母、子女、兄弟闹矛盾的原因错综复杂，有的是父亲过于严厉，有的是兄弟争财产，有的是外人挑拨是非，还有一些矛盾是双方秉性不同，一方强迫另一方向自己看齐，矛盾就产生了。要想少闹矛盾，就要学会尊重对方的个性，自己多承担责任，不要总是埋怨别人。多站在对方的角度想想，也就是要"推己及人"。

在子女教育上，袁采费了很多笔墨，他反对父母溺爱子女，他认为"慈父多败儿"，对儿女的教育要趁早。他认为父母对子女最大的爱是让儿女学有所成，业有所就。

学有所成不一定是考功名，有的孩子资质平平，考不上功名，也要读书。读书不一定读儒家经典，方技、小说都会让人受益。一个人不论穷富，都要有份职业，穷人有职业不会受饥寒，富人有职业可以避免游手好闲，惹是生非。

袁采主张父母应该一碗水端平，但是父母爱幼子、祖父母爱长孙、父母会给最贫的孩子多一些财物，也是人之常情，应该予以理解。

袁采看重兄弟之情，他认为兄弟应当长幼有序，和睦共处，不要争财产，不要私藏财物。如果兄弟之间发生矛盾，就不要住在一起，应该尽快分家，各过各的日子。

袁采主张在亲友借贷、把孩子送给别人抚养、收养别的孩子、寡妇再嫁、丧偶继娶、幼年订婚、听取媒妁之言、分财产、立遗嘱等问题上应当慎重。这些问题处理不好，很容易发生矛盾。

袁采没有男尊女卑观念，他同情女性，尊重女性，认为失去丈夫的寡妇和失去父亲的孤女，家族应当安排她们嫁人。失去依靠的老年妇女，亲戚应当给她们一些关照。父母嫁女，若是家道殷实，应该分给女儿一些财产。女儿出嫁以后，如果娘家或婆家一方富一方穷，她拿一些财产资助穷的一方，这也是合情合理的。

三

第二部分"处己"，共五十五则，谈论立身、处世、言论、交游等各种话题。

袁采认为，人与人是不均等的，人的智力水平与知识水平相差悬殊，智识高的人看智识低的人，像登高望远，一览无余；智识低的人看智识高的人，像从墙外看墙里的人，什么也看不见。若是两人相差不太悬殊，还可以交流，若是两人相差太大，就很难交流。

袁采的观点受儒家"差等"思想的影响。他在此基础上推演出"富贵自有定分"的观点。袁采的这种宿命论的观点当然是不可取的，但是剔除这些思想上的糟粕，其大部分观点仍有可取之处。

袁采反对富贵之人骄横跋扈，他认为一个人的品质与荣华富贵之间没有必然的联系，有人是正人君子，也会一生落魄，有人贵为宰相，人品并不一定好。富贵与一个人的本领也不一定有关，有些人是依靠父祖享受荣华，却在乡邻面前耍威风，真是面目可憎。

袁采很看不起"见有资财有官职者，则礼恭而心敬，资财愈多，官职愈高，则恭敬又加焉。至视贫贱者，则礼傲而心慢，曾不少顾恤"的势利小人，他认为"殊不知彼之富贵，非我之荣；彼之贫贱，非我之辱，何用高下分别如此？"

在为人上，袁采崇尚"言忠信""行笃敬"。他说：

> 盖财物交加，不损人而益己，患难之际，不妨人而利己，所谓忠也。有所许诺，纤毫必偿，有所期约，时刻不易，所谓信也。处事近厚，处心诚实，所谓笃也。礼貌卑下，言辞谦恭，所谓敬也。

一个人做到"忠信""笃敬"，就会得到乡亲们的敬重，做事也顺利，若是虚情假意，表里不一，时间久了，就会失去乡亲们的敬重。

袁采主张严以律己，宽以待人，有过必改。他说，有些人自己都做不到"忠信""笃敬"，却苛求别人做到，别人当然对你有意见。"人非圣贤，安能每事尽善？"君子发现自己错了，会及时改过，小人发现自己错了，则会为自己辩护。

在交游上，袁采认为"与人交游，无问高下，须常和易，不可妄自尊大"。与人交往时要语言慎重，哪怕是盛怒之时，也不要揭人家的隐私，骂人家的祖宗。

生活中难免与小人打交道，袁采的观点是"小人当敬远""小人为恶不必谏"，他认为不要拿"忠信"这样的道德标准要求小人，小人达不到这样的境界，君子严格要求自己，对小人要多怜悯。

袁采主张勤俭持家，有备无患，不要见钱财起贪念，见美色起欲念，不要轻易接受别人的恩惠。接受了别人的恩惠，一定要报答。周济别人的时候要有选择，对那些生活困难却不好意思向人求助的人，要帮助他们，对那些不困难却厚着脸皮求助的人，不要理睬他们。

四

第三部分"治家"，共七十二则。袁采在这部分提了很多实用性建议，从这些建议我们可以看出他不是空头理论家，而是对社会生活有着丰富的观察和认知。

在居家安全上，袁采认为："人之治家，须令垣墙高厚，藩篱周密，窗壁门关坚牢，随损随修。"若是住在山谷野外，要在周围多建些房子，让人口多的人家一起居住，遇到失火、盗贼，可以互救。晚上要注意防盗，做好宅院的巡逻。若是家里来了贼，不要着急去追，既要防盗贼狗急跳墙，以刀伤人，也要防止误伤自己的家人。盗贼人数太多，要掩护老弱妇孺撤离，不要让盗贼抓住为人质，否则官府来人，也不好施救。

袁采认为居家安全很重要的一点是搞好邻里关系，有难时邻居才会救助。家中不要积聚太多财物，聚财太多，就会被人盯上。为富不仁的人，盗贼会恨他们，乐善好施之人，盗贼会手下留情。丢了东西要赶快寻找，但是不要乱猜疑别人。

居家要注意防火，厨房多打扫，灶前不留柴薪，晚上烘焙食物或是烘烤衣服容易失火，要做好防范。养蚕的小屋和储积粪灰的厕屋，要防止明火上蹿和死灰复燃。住茅屋的或存有油料、石灰的房子也要注意防火。

家里有小孩儿的人家，不要让孩子独自外出，也不要让孩子佩戴金银首饰，若是外人把孩子引诱到僻静之处害死，官府也没办法追究。井、池、溪流、岸崖，以及可能设有机关之处，不要让孩子靠近。孩子要尽量自己哺乳，若雇用乳母，乳母的孩子可能会饿死。还有些乳母是被拐骗出来，与家人生死不相见，这样做有伤人伦。

雇佣仆人，要选择"朴直谨愿，勤于任事"之人，不要选择"俏黠""异巾美服""言语矫诈"之人。朴实的仆人不懂得察言观色，说话不得体，主人不要责备他们。主人自己要晚睡早起，才能避免仆人行欺骗奸盗之事。

在农业生产上，袁采主张利用冬天农闲之时修整水利，很多人整修水利的时候不出粮不出力，用水的时候，却大打出手，甚至打出人命。田园山地，一定要界线分明，以免发生争讼。荒山闲地不要废弃，种上桑、果、竹、木，一二十年后会获利。

在借贷上，袁采主张不要把自己的钱谷借出去太多，轻易向别人借贷的人是不可靠的；也不要向别人借贷很多，以为将来宽裕了会还，将来很可能不宽裕，则必会负债累累，难以翻身。

袁采还主张要善待佃户，及时纳税，多做修桥铺路之善事，不要赌博。家中留客，不要强迫客人喝酒，客人喝了酒睡觉时，要派人照看他们，以免发生意外。

《袁氏世范》的可贵之处在于接地气，没有空洞的理论和高深的概念，谈的都是日常生活中的人和事，严肃而不刻薄，温情而有原则，上至官绅之家，下至平民百姓，都可以遵照执行。他谈的很多居家注意事项，对今天的人们仍有启发。

父之所贵者，慈也；子之所贵者，孝也

——朱熹《朱子家训》

一

从宋代开始，随着文化教育普及，家训大量出现，仅名为《朱子家训》的就至少出现两篇，一篇是明末清初的朱柏庐所著，通常称为《朱子治家格言》，另一篇《朱子家训》出现更早，是宋代的朱熹所著，通常称为《朱子家训》或《朱熹家训》。

朱熹祖籍江西婺源，出生于福建尤溪，是南宋理学大师，他的学说与北宋程颢、程颐兄弟的学说合称"程朱理学"，对后来的元、明、清三代影响很大。

朱熹深受儒家"修身"思想的影响，他为官清廉，不畏权贵，一生淡泊名利，孜孜不倦钻研学问，埋头著书立说。晚年，他疾病缠身，双目近盲，仍然不肯辍笔。

近代以来，因朱熹提出"去人欲，存天理"之说，很多人对他有恶感，认为他不近情理，就想当然地认为他的作品也一定允斥着迂腐的道学之味。实际上，朱熹的著作之中，学术性著作对一般人而言有些晦涩难懂，其他作品却语言平实，并无晦涩之处。

比如他的这两首诗，语言清新，内容生活化，很接地气。

半亩方塘一鉴开，天光云影共徘徊。

问渠那得清如许？为有源头活水来。

胜日寻芳泗水滨，无边光景一时新。

等闲识得东风面，万紫千红总是春。

朱熹晚年写给朱氏族人的《朱子家训》，也体现了他这种文风特点。《朱子家训》以儒家理念为基底，语言平实无华，内容近情近理，是我国家训的典范之作。

《朱子家训》内容如下：

君之所贵者，仁也。臣之所贵者，忠也。父之所贵者，慈也。子之所贵者，孝也。兄之所贵者，友也。弟之所贵者，恭也。夫之所贵者，和也。妇之所贵者，柔也。事师长贵乎礼也，交朋友贵乎信也。

见老者，敬之；见幼者，爱之。有德者，年虽下于我，我必尊之；不肖者，年虽高于我，我必远之。慎勿谈人之短，切莫矜己之长。仇者以义解之，怨者以直报之，随所遇而安之。人有小过，含容而忍之；

人有大过，以理而谕之。勿以善小而不为，勿以恶小而为之。人有恶，则掩之；人有善，则扬之。

处世无私仇，治家无私法。勿损人而利己，勿妒贤而嫉能。勿称忿而报横逆，勿非礼而害物命。见不义之财勿取，遇合理之事则从。诗书不可不读，礼义不可不知。子孙不可不教，童仆不可不恤。斯文不可不敬，患难不可不扶。守我之分者，礼也；听我之命者，天也。人能如是，天必相之。此乃日用常行之道，若衣服之于身体，饮食之于口腹，不可一日无也，可不慎哉！

二

很多家训带着很明显的"训"的意味，语言有强烈的指令性、强迫性，朱熹的这篇家训也是教人怎样做，但是语言和缓，只说应当怎样做，没有颐指气使的意味。

朱熹是一代大儒，他制定的家训以儒家"五伦"为出发点，"五伦"是儒家学说中五种基本的人际关系——君臣、父子、兄弟、夫妻、朋友。孟子认为，这五种人际关系的伦理美德应该是："父子有亲，君臣有义，夫妇有别，长幼有序，朋友有信。"

《朱子家训》的第一部分就是论述这五种关系，只是他在这五种关系之外，增加了"师长"这层关系，他论述每一种关系对应着的两方都应该具备怎样的美德。

对君来说，最高贵的品德是"仁"。君大权在握，权力容易让人疯狂，容易助长戾气，让人产生"生杀予夺，皆在我手"的掌控感和对生命的不敬重。故对"君"来说，"仁"是最高美德。对臣来说，重要的不是服从，而是忠诚，是对自己职务的责任感。

"父"是朱熹心中的痛，他十四岁失去父亲，但是他的父亲在去世前，尽力给他安排好了未来。父亲把朱熹托付给他的好友刘子羽，从此刘子羽在朱熹生活中充当着父亲的角色。

在朱熹心中，父亲最高贵的品德是"慈"，是爱孩子，让孩子感受到来自父亲的温暖和力量。儿子的最高品德是"孝"，是爱父亲，让父亲感受到爱的回馈。

宗法社会以男性为中心构建，在家庭体系中，"夫"拟于"君"，"兄"是次于"父"的存在。故夫对妻要和气，妻对夫就要柔顺，兄对弟要友善，弟对兄要恭敬。

朱熹认为对师长要以礼相待，对朋友要以诚相待。

三

《朱子家训》第二部分是论述与社会上各种人群之间的关系。

首先是尊老爱幼。尊老爱幼是中华民族的传统美德，见到老人，要尊敬，农业社会，老人的生活经验是财富；见到孩子，要爱护，孩子是社会的未来，这是全世界的共识。

朱熹不主张对所有年龄大的人都尊重，有的人品行好，即使其年龄比自己小，也值得尊重；有的人品行不端，即使其年龄比自己大，也不值得尊重，一定要远离这种人，免得他把自己带坏了。

其次是要善于向别人学习。孔子说"三人行，必有我师焉"，以人为师的前提是见人之长，所以不要揭别人的短，不要炫耀自己之长。

然后是对有仇、有怨之人的态度。对有仇之人要以"义"化解，对有怨之人要"以直报之"。"以直报之"化自孔子之语"以直报怨，以德报德"，这个"怨"是什么程度，就以什么样的分寸来回报他。

最后是对待善行与恶行的态度。别人的小过错，要尽量容忍，别人的大过错，要给他讲明白道理。别人不好的事情，要帮他们掩饰，不要抓住人家的小辫子不放。别人的好事，要给他们宣扬，形成社会正气。对于自己，要记住刘备所言"勿以善小而不为，勿以恶小而为之"。

《朱子家训》第三部分是论述怎样处世的问题。

朱熹的观点是公事公办，不夹带私仇，所有家族成员执行同一规定，不给自己喜欢或不喜欢的人另立规矩。不损人利己，不妒贤嫉能，不跟蛮不讲理的人讲道理，不无缘无故残害生命。不贪图不义之财，合情合理的事情要顺从。

一定要读书、知礼义、教育子孙、体恤奴仆。遇到斯文之人要尊重他们，遇到患难之人要帮助他们。恪守本分，听天知命，一个人做到这几点，上天也会帮助他。

朱熹认为，这些都是为人处世的基本道理，就像身上的衣服、口中的食物一样，一天也不能离开，一定要慎重对待。

四

朱熹的家训很少谈具体事物，因他并非写给一家一口，而是写给全族之人。一族之人情况复杂，若是约束过细，不是执行不到位，就是过于严苛。比如郑氏家族，因为几千人共同生活，为了不产生矛盾，《郑氏家范》细化到生活的方方面面，虽然能保证宗族内和谐，但是却压抑个性发展，在某些方面有失人性化。

朱熹这篇家训，可为家训之大纲，很少有具体行为指导，而是指明处在不同身份，与不同的人打交道，遇到各种事情，应当遵循怎样的原则。

初看时，觉得这篇家训毫无亮点，都是老生常谈的话题，就是把孔孟之言用寻常话语重新叙述，甚至直接引用孔孟或古人原话。

仔细想想，家庭也好，社会也好，不和谐的原因在于失序、失职，若是人人各在其位，各司其职，必定是一片和谐气象。就像一个房间要整理卫生，一个教你如何清扫，一个教你如何把各样东西摆正，前者固然有指导意义，后者更高屋建瓴。各样东西都摆正位置，只要定期打扫地上的尘土，抹去器物上的灰尘，就会整洁利索，不必伤筋动骨大扫除。

朱熹在《朱子家训》之外，还写过一些带有家训性质的文章，他送长子朱塾（字受之）去金华求学时，写过一封长信

《与长子受之》，他在信末写道：

　　　　盖汝好学，在家足可读书作文，讲明义理，不待
　　远离膝下，千里从师。汝既不能如此，即是自不好学，
　　已无可望之理。然今遣汝者，恐汝在家汩于俗务，不
　　得专意。又父子之间，不欲昼夜督责。及无朋友闻见，
　　故令汝一行。汝若到彼，能奋然勇为，力改故习，一
　　味勤谨，则吾犹可望。不然，则徒劳费，只与在家一
　　般。他日归来，又只是佞俩人物，不知汝将何面目归
　　见父母亲戚乡党故旧耶？念之！念之！夙兴夜寐，无
　　忝尔所生！在此一行，千万努力！

　　朱熹跟儿子说：你在家认真读书，就不必千里从师，不认
真读书，去也没用。我现在让你去拜师，是怕家里的事务拖累
你，让你不能专心读书，又因我们是父子，我不忍心严格要求
你，而且在家读书没有朋友，不能开阔眼界。你去了以后一定
认真读书，若是还跟在家里一样，那你就白去了。

　　这话说得入情入理，跟他写的家训一样，娓娓道来。他还
写过一篇《训学斋规》，是教孩子们怎样读书的，也写得很合
情理。

　　他认为读书，先熟读，再深入思考，就会有收获。

　　　　大抵观书先须熟读，使其言皆若出于吾之口。继

以精思，使其义皆若出于吾之心，然后可以有得尔。

读书，先创造一个良好的读书环境，端正读书姿势，掌握阅读方法。

凡读书，须整顿几案，令洁净端正，将书册齐整顿放，正身体，对书册，详缓看字，仔细分明读之。须要读得字字响亮，不可误一字，不可少一字，不可多一字，不可倒一字，不可牵强暗记，只是要多诵遍数，自然上口，久远不忘。

他提倡读书"三到"，即"心到，眼到，口到"。

心不在此，则眼不看仔细，心眼既不专一，却只漫浪诵读，决不能记，记亦不能久也。三到之中，心到最急。心既到矣，眼口岂不到乎？

朱熹讲的这些做人的道理、读书的方法，直到今天仍适用。社会虽然改变，人性没有改变，其涉及人性的部分有相应的普适性。

子弟中得一贤人，胜得数贵人也

——孙奇逢《孝友堂家规》

一

《孝友堂家规》是清代最著名的家规之一，在清代曾经多次刻印发行，流传很广，影响很大。

《孝友堂家规》的作者孙奇逢，字启泰，号钟元，直隶容城（今河北保定）人。孙奇逢是著名理学家，他与黄宗羲、李颙并称明末清初"三大儒"。

孙奇逢的祖父和父亲做过小官，为官清廉，毫芥不取。祖父和父亲的德行对孙奇逢影响很大，他认为祖父和父亲留给他的清白家风，比金银财帛、良田美宅珍贵得多。

孙奇逢最初以孝行和侠肝义胆而闻名。

孙奇逢十四岁考中秀才，十七岁考中举人，二十二岁进京赴试，途中听到父亲去世的消息，他放弃考试，回乡给父亲服丧。三年服丧期满，他的母亲又病逝，他又给母亲服丧三年。

孙奇逢考中秀才以后，去拜访忠愍公杨继盛的儿子杨补庭。

杨补庭问他："假如你被围于城中，内无粮草，外无援兵，你会怎么办？"

孙奇逢说："我会拼死报效，决不逃离。"

杨补庭很嘉许他的志气，说道："我能看出你一生了。"

明熹宗天启年间，宦官魏忠贤把持朝政，杨涟、左光斗等"东林六君子"先后被下狱，很多朝中大臣害怕魏忠贤的权势不敢出声，孙奇逢却联合鹿正、张果中等人营救六君子。营救未果，六君子死后，他们又筹集资金救助六君子的家属，人们称他们三人为"范阳三烈士"。

明熹宗宠信乳母客氏，客氏的弟弟沾姐姐的光，做了官。他为了扩大声望，邀请孙奇逢到他的府上做客，孙奇逢直接拒绝；他送孙奇逢名马，孙奇逢以家贫养不起为由拒绝；他送孙奇逢养马所需物资，孙奇逢以自己病弱骑不了马为由，仍旧拒绝。

崇祯九年（1636），清兵入关劫掠，容城周围的州县相继失陷，连日暴雨，容城多处城墙倒塌，局势危在旦夕。孙奇逢带领宗族乡党驻守在城墙倒塌最严重的西北角，奋战七昼夜，打退清军骑兵的围攻，保全了容城。

崇祯末年（1644），朝廷自顾不暇，容城的城墙破败不堪，无险可守，孙奇逢则带领家人、弟子、乡亲数千人转移到易州五峰山，结寨自保。他们在山中一边耕种，一边读书。

清朝初年，孙奇逢又带领家人迁徙到河南辉县夏峰村，他在此地著书讲学二十多年，人称他为"夏峰先生"。

　　孙奇逢是一代大儒，明朝三次征召他为官，他都拒绝。清朝初年，征召他出任国子监祭酒。国子监祭酒是国家最高学府负责人，通常是由最知名学者担任，官职不高，但受人尊重，孙奇逢仍然拒绝。孙奇逢是清初三大儒之中最高寿的一位，他门生弟子遍天下。很多子弟放弃官职，千里迢迢拜他为师。在明末清初的大动荡中，孙奇逢为保存传统文化作出了重大贡献。

　　孙奇逢很早就认识到规章条约的重要性。

　　"礼"的核心是秩序，在家庭中表现为家庭秩序，在社会中表现为社会秩序。孙奇逢带领家人、弟子、乡亲在五峰山结寨而居时，他就意识到乱世之中，几千人居于深山，没有规章条约，必会乱成一团。他便制定了各种规章条约，以保证他们在山中的生活秩序。

　　孙奇逢带领家人到辉县居住后，他又制定了孙氏家规。孙家故居的堂号是"孝友堂"，孙奇逢制定的家规就称为"孝友堂家规"。

二

　　"孝友堂家规"由"家规"和"家训"两部分组成。

　　"家规"分为前言、家规十八则、先贤教诲子弟六则、后言四部分。

　　在"前言"部分，孙奇逢说明他要制定家规的原因。明末清初，社会失序，很多士大夫不讲究礼仪道德。家庭是社会的细胞，欲想社会有序，先从建立家庭秩序开始。

　　迩来士大夫，绝不讲家规身范，故子若孙鲜克由礼，不旋踵而坏名灾己，辱身丧家，不知立家之规，正须以身作范。祖父不能对子孙，子孙不能对祖父，皆其身多惭德者也。一家之中老老幼幼，夫夫妇妇，各无惭德，便是羲皇世界。孝友为政，政孰有大焉者乎？舜值父母兄弟之变，汤武值君臣之变，周公值兄弟之变，虽各无惭德，然饮泣自伤，乌能愉快于无言之地？吾家先微，以慈孝遗后人，所垂训辞，世守勿替。余因推广其义，为十八则，愿与子若孙共勉之。

　　"家规十八则"是：

　　　　安贫以存士节。

　　　　寡营以养廉耻。

　　　　洁室以妥先灵。

　　　　斋躬以承祭祀。

　　　　既翕以协兄弟。

　　　　好合以乐妻孥。

　　　　择德以结婚姻。

　　　　敦睦以联宗党。

　　　　隆师以教子孙。

　　　　勿欺以交朋友。

　　　　正色以对贤豪。

　　　　含洪以容横逆。

守分以远衅隙。

谨言以杜风波。

暗修以淡声闻。

好古以择趋避。

克勤以绝耽乐之蠹己。

克俭以辨饥渴之害心。

为了让后世儿孙能够记住家规，孙奇逢制定的家规比较简略，六字一句，半诗半歌。孙奇逢在"家规"中教育儿孙要安贫乐道、不要投机钻营、重视祖先祭祀、搞好家族团结、婚姻重德不重财、亲师重教、真诚交友、善待英豪、包容不同意见、安守本分、谨言慎行、淡泊名利、克勤克俭。

"先贤教诲子弟六则"是：

孔子之教伯鱼（孔鲤）也："不学诗无以言，不学礼无以立。"周公谓鲁公（伯禽）："故旧无大故，则不弃""无求备于一人"。马援戒其子也，曰："闻人过失，如闻父母之名，心可知，口不可言。"刘备在遗诏中教育儿子："勿以善小而不为，勿以恶小而为之。"柳玭在家训中说："不识儒术，不悦古道；身既寡知，恶人有学；胜己者嫉之，佞己者扬之；以衔杯为高致，以勤事为俗流。"王阳明说："我子弟，苟远良士而近凶人，是谓逆子。"

孔子让他的儿子学诗、学礼；周公让他的儿子爱护朋友，不要责备求全；马援让他的儿子不要轻言别人的过失；刘备让他的儿子多行善事，少做恶事；柳玭让子弟不要嫉妒有学问的人，不要看不起勤于做事的人；王阳明让他的子弟不要远离好人，亲近坏人。

孙奇逢跟他的子孙们说："此六则之义，千万人言之不尽，千万世用之不尽，凡我子孙，其绎斯言。"

在家规的"后言"部分，孙奇逢用问答的方式解释了"齐家"中遇到的一些问题，是对"孝友堂家规"的解释。

"家规"最后"附家祭仪注"，这是孙奇逢教儿孙怎样祭祀。

晨起栉沐后，入祠三揖，自入小学便不可废。

朔望焚香拜。

元旦昧爽，设祭四拜。四仲月，用分至日，各设祭，行四拜礼。

令子孙供执事。

凡佳辰令节，寒食寒衣，皆拜，设时食。

忌辰设食拜，子孙素食，不宜享客。

有事出门，焚香拜，归亦如之。

吉庆事，卜期设祭。

儿女婚姻，焚香以告；生辰弥月，设食以献。

新妇庙见设祭，主妇率之行礼。

凡祭，妇人另行礼，各如仪。

久离丘垅，兼之萍踪未定，苹藻疏违，负疚中夜，迨日即次稍安，移先位于斯堂，庶朝夕得依灵爽。凡我

子若孙，入庙思敬，不待病子之告教，酌立仪注，愿
身先之，不敢与当世论礼也。

三

"孝友堂家训"是孙奇逢的后人辑录孙奇逢生前训示子、
侄、孙的语录而成，其中"示某某曰"为书信，"谓某某曰"为
当面教诲。

在家训部分，孙奇逢向他的儿孙晚辈介绍孙家的清白家史。

他跟永兴侄孙说："你祖父当年管理武城县，回家以后，还
要靠教书的收入还债，你祖母和你父亲有时还要忍冻受饿。别
人都怜悯他们，鹿善继却非常尊敬他，认为他是古人所说的廉
吏。沐阳公当了一任学官，只接受了新生献上的两匹绸做见面
礼。孙家先祖为官者，无不对得住清白的良心。"他希望后辈继
承先辈遗志，保持孙家的清白家风。

孙奇逢的儿孙应试前，他给儿孙讲了个故事，他说："涿州
史解元家的子弟要去参加科举考试，家族中的老人整理衣冠，
严肃地设宴为儿孙饯行，史家老人对儿孙说：'我们史家门第衰
落，以后要靠你们支撑门户。'"

孙奇逢不喜欢这种观点，他希望儿孙把做人放在第一位。
他说："添一个丧元气进士，不如添一个守本分平民。"

从"孝友堂家训"中，我们能看出来，孙家的家族气氛非
常和谐，孙奇逢经常跟他的儿子、孙子、侄子等人谈经论道，

给他们讲解人生道理。他们的谈话内容丰富，涉及读书、做人、祭祀、延师、交友、婚丧、耕种、应试、为官、孝敬、勤俭等诸方面内容，有很多名言警句。

诸如：

> 父父、子子、兄兄、弟弟，元气固结，而家道隆昌，此不必卜之气数也。父不父，子不子，兄不兄，弟不弟，人人凌竞，各怀所私，其家之败也，可待而立，亦不必卜之气数也。
>
> 子弟不成人，富贵适以益其恶；子弟能立自，贫贱益以固其节。
>
> 子弟中得一贤人，胜得数贵人也。
>
> 多一分智巧，损一分元气。
>
> 读一"孝"字便要尽事亲之道，读一"弟"字便要尽从兄之道。
>
> 一人砥砺，便是一好男子；大家砥砺，便成一好人家。
>
> 大得却须妨大失，多忧原只为多求。
>
> 我辈俱得为清白吏子孙，较以金帛田宅遗后人者，荣多矣。
>
> 言语忌说尽，聪明忌露尽，好事忌占尽。
>
> 越分妄求，余殃在后。
>
> 家运之盛衰，天不能操其权，人不能操其权，而

己实自操之。

孙奇逢经常跟弟子们说"读有字底书，要识无字之理"。

在孙奇逢看来，学识在书上，道理在天地间，读书的最终目的是认识天地间的道理。他制定的家规也是贯穿这一思想，把恭敬、谨慎、明理、好礼当作人生必备的品德，把建立和谐的家族秩序当作人生努力的方向。

《孝友堂家规》与《孝友堂家训》相辅相成，构成一个完善的家训体系，是一代大儒孙奇逢的思想学识在家族事务上的体现。

七

慎独

勿以恶小而为之，勿以善小而不为

——刘备《敕刘禅遗诏》

一

公元 221 年，刘备兴兵伐吴，第二年，他在夷陵被东吴大将陆逊打败，退守永安。刘备身心交瘁，不久后便病倒。次年，刘备病逝于永安。

刘备预感到自己不久于人世时，便把国家大事托付给丞相诸葛亮，然后给儿子刘禅写了一道遗诏，这就是著名的《敕刘禅遗诏》。

刘备的遗诏内容如下：

朕初疾但下痢耳，后转杂他病，殆不自济。人五十不称夭，年已六十有余，何所复恨，不复自伤，但以卿兄弟为念。射君到，说丞相叹卿智量，甚大增修，过于所望，审能如此，吾复何忧！勉之，勉之！勿以恶小而为之，勿以善小而不为。惟贤惟德，能服于

人。汝父德薄，勿效之。可读汉书、礼记，间暇历观
诸子及六韬、商君书，益人意智。闻丞相为写申、韩、
管子、六韬一通已毕，未送，道亡，可自更求闻达。

刘备跟儿子刘禅说：

我最初只是患痢疾，后来转成了其他的疾病，现在已经不
能治了。一个人活到五十岁死去就不算夭折，我现在已经六十
多岁，人生没有遗憾，我也不为自己伤感，只是思念你们兄弟。
射援先生来我这里，说丞相赞叹你的智识和雅量都比以前有很
大提高，大大超过我原先的期望，你能做到这样，我还有什么
忧虑呢！

你一定要努力！努力！不要因为坏事很小而去做，不要因
为好事很小而不去做。你只有做一个贤能和有品德的人，才能
让别人信服。

你的父亲我是一个德行浅薄之人，你不要效仿我。你有时
间多读《汉书》《礼记》，闲暇时也要读些先秦诸子的著作和
《六韬》《商君书》，这能增长你的思想和智慧。我听说丞相给
你抄写的《申子》《韩非子》《管子》《六韬》还没送到，就在
路上丢了。你自己可以找有学问的人学习这些东西。

"人之将死，其言也善"，这不仅是说人在将死之时会说善
意的话，还指人在将死之时，会表露自己的真情实感。因为此
时不把心底的话说出来，将来就没机会了。刘备此时跟儿子说
的就是真心话。

　　他让儿子读《汉书》，是想让儿子了解西汉兴衰的过程，总结西汉兴起的经验，吸取西汉灭亡的教训。刘备以"兴复汉室"为己任，让儿子了解汉代历史是必须的。

　　刘备还让儿子读一些先秦诸子的著作和法家著作。刘备和诸葛亮都信奉法家学说，主张乱世用重典。法家学说是为帝王服务的学说，法家著作可以说是帝王教材，刘备想让儿子通过这种方式学习帝王之道。

　　刘备是一位人生阅历丰富的政治家，政治家的话不可尽信，但也不能因为刘备是政治家，就怀疑他说的每一句话，认为他在临终之际，还在说伪善之词。

　　刘备跟绝大多数开国君主一样，雄才大略，富有人格魅力，关羽、张飞都在刘备还没发迹时就追随他。关羽曾经被曹操俘虏，曹操很欣赏关羽的壮勇，给他丰厚待遇，关羽仍然忠诚刘备，趁曹操不注意，把曹操赠给他的礼物封存起来，只身逃走，再次投奔刘备。

　　诸葛亮对刘备父子忠心耿耿，鞠躬尽瘁，死而后已，他的儿子诸葛瞻、孙子诸葛尚也为保卫蜀汉政权献出了生命。

　　刘备能够把这么多勇士、智士团结在自己身边，是他对这些人真诚相待。玩阴谋诡计可以迷惑愚人，迷惑不了聪明人，可以一时迷惑人，不会永久迷惑人。关羽、张飞、诸葛亮等人都跟随刘备几十年，如果刘备是个言行不一的伪君子，天长日久他们必会看出来。

二

刘备遗诏中的内容是他几十年政治经验和人生经验的总结。刘备死的时候，刘禅十七岁，身心还不成熟，虽然刘备说"吾复何忧"，心里最忧虑的还是儿子。他给儿子留下了千里江山，还要把守住这千里江山的经验留给儿子。

在刘备心里，做人是第一位的。《三国演义》中，刘备靠着"皇叔"的身份起家，人们一听他是刘皇叔，就对他肃然起敬。实际上，东汉末年，像刘备这样有汉代帝王血统的人数以万计，没人拿他们当回事。刘备生活于社会底层，是一个织席卖履的小商贩，他是靠着过硬的人品和过人的能力把一批人才团结到自己身边，最终三分天下，成为蜀汉的开国君主。

刘备虽然称帝，但他来益州的时间不长，根基未稳。刘禅没有刘备的才能，也没有刘备的人生经验，如果刘禅再不注重道德修养，他靠什么收服人心？

已经濒临死亡的刘备没有精力给儿子长篇大论讲道理，而且遗诏要向群臣公布，其内容既不能隐晦，也不能过于直白，他必须用最简练的语言把自己一生的经验传授给儿子。

跟有"高祖之风，英雄之器"的刘备相比，刘禅是个资质平平的孩子，而且还未成年，给他讲一些虚无缥缈的大道理，他不会明白，最好是跟他说具体事情该怎样处理，但是，人生之路漫长，刘备不可能预料刘禅以后会遇到哪些事情，因此他也不可能教儿子怎样去做。

但是刘备从自己的人生经验中深知，大部分人生来不是恶人，他们变坏，是一点点改变的。最初是做一些不好也不坏的事，渐渐做一些有点坏但不算很坏的事，然后就肆无忌惮地做坏事。

道德的底线不能降低，一旦降低，就不知底线在哪里，最终完全没有了底线。

如果刘禅是一个普通人，会有亲朋好友规劝他，可是刘禅即将在刘备死后登上帝位。他这样的身份，除了丞相诸葛亮，谁敢规劝他？即使是诸葛丞相，碍于君臣身份，也不能明目张胆地指责刘禅，只能委婉地规劝他。

敢规劝刘禅的人不多，想引诱刘禅的人不少。规劝他向善无利可图，引诱他作恶却可以受惠。刘备这样从底层摸爬滚打出来的人经得住诱惑，刘禅这样的二世祖哪有那样的定力！

做坏事容易，做好事难，坏事利己，好事利人，所以很多人做好事的时候只愿做惊天动地的大好事，穿插在日常生活中的小善事则不想做，因为不能给他们带来荣誉感。于是等着做大好事的机会，可一生也没等来，最终，自己觉得自己是好人，却一生也没做过好事。

"千里之行，始于足下""千里长堤，溃于蚁穴"，这些道理告诉我们，做事要从微不足道的小事开始，积少成多，积沙成丘，小事做多了，就成了大事。整天想着做大事，最终可能什么也做不成。而溃败，往往不是突然天崩地裂地溃败，而是从一个小小的虫洞开始，一点点往里面腐蚀，虫洞越来越多、越来越大，某一天，洪流滚滚，长堤崩溃。

刘备选择了一个很好的切入点，既不讲具体事例，也不讲虚无的道理，而是让儿子牢记住一点——坏事再小，也不要做，好事再小，也要去做。

只要刘禅做到这点，就可以防微杜渐。否则，一次在人生轨道上偏移一点，每次都因为偏移不多而不察觉，等到察觉时，已经没有挽回的余地。

刘备经常与诸葛亮议论两汉兴亡的原因，每当说到东汉末年的两个皇帝——汉桓帝和汉灵帝，刘备总是叹息不已，心情沉痛。

汉桓帝和汉灵帝这两个有名的昏君并不是窝囊废、糊涂虫，他俩在诸王之中是比较有能力有才学的，不然，也不会在皇帝死而无嗣的情况下被挑选上继承大统。他俩会成为昏君，是因为放纵自己的欲望，让个人私欲凌驾于帝王的责任之上，最终成为私欲的奴隶，让大汉江山成为他们放纵自我的牺牲品。

三

"勿以恶小而为之，勿以善小而不为"，这不仅是刘备对儿子的期望，对我们每个人来说也有很重要的意义。

我们绝大多数是普通人，能力有限，机会微渺，所以我们更不能大意，更不能放纵自己，因为我们没有放纵的资本。对我们来说，脚踏实地做小事，这种看似不便捷的人生，实则最简捷。

看到地上有垃圾捡起来扔进垃圾桶，看到摔倒的老人扶起来，看到别人有困难时帮一把，这对我们来说不困难，做的人多了，会让世界充满爱。当然，做好人也是有技巧的，有风险的，这要事先考虑好，而不是以做好人难为借口而不行善事。

甚至，我们无须去捡垃圾、扶老人、帮别人，只是把自己的垃圾扔进垃圾桶，不倚老卖老讹别人，自己的事情自己做好，就至少一生不是坏人。

有这样一个故事，说的是，有人在退潮时到海边漫步，看到很多鱼儿搁浅在海滩上，一个小孩儿神情专注地捡起一条条鱼儿扔到大海里。这个人看到小孩儿的行为感到很可笑，他跟小孩儿说："沙滩上的鱼儿这么多，数都数不清，你就算捡上几十甚至几百条鱼扔到海里，大部分鱼儿仍是在沙滩上窒息死，你这样做有什么意义呢？"孩子头也不抬地继续捡起一条条鱼儿扔进大海里，他一边扔一边说："对这条鱼来说很重要，对这条鱼来说很重要……"

这是个发人深思的故事，确实，这个孩子再努力，也救不了所有的鱼。最终，只有很少的鱼儿被他所救，大部分鱼儿死在沙滩上。但如果这个孩子选择袖手旁观，那就一条鱼也得不到拯救。而他每扔一条鱼回大海，就有一条鱼得到生机。

这个故事告诉人们，你可能拯救不了某一个群体，但你可以拯救一个个体，拯救的个体多了，就是一个群体。

行善从小事做起，作恶也往往是从小事起。有句话说"小时偷针，长大偷金"，一个孩子小时候，把别人的一根缝衣针拿回家，家长没有纠正批评，下次他会拿别人的尺子、剪子，再下次他会拿走别人的衣服、布料。如果到这时候他还没有悔改，他就会拿别人的绫罗绸缎、金银财宝，最后成为一个为害一方的强盗。

我们现在物质丰富，没有人再去偷一根针，但是恶行不会自动消失，而是改换形式存在。某年一高校女生为了蹭流量，诬陷农民工在地铁上偷拍她，致使这位农民工遭受网暴，虽然后来证实这位农民工没有偷拍她，舆论反转，她也尝到了被网暴的滋味，但是那位农民工受到的精神伤害已无法挽回。

"勿以恶小而为之，勿以善小而不为"，我们要把刘备遗诏上的这句话记在心中，时时警醒自己。

凡富贵少不骄奢，以约失之者鲜矣

——萧嶷《诫子书》

一

豫章文献王萧嶷，是齐太祖萧道成的次子，齐世祖萧赜的弟弟。萧赜兄弟众多，只有萧嶷与他是一母所生，所以萧嶷在齐朝的地位尊贵无比。

公元 492 年，萧嶷病重，临终之前，他给哥哥萧赜上表：自我生病以来，皇上派医官给我治病，发钱给我佛事，对我来说，已经是一个臣子的最大荣耀。我死以后，希望皇上重用贤良之人，多行善事，寿与天齐，修身立德，采纳雅言，做万民之主。我命不好，就要与皇上永别了，禁不住临表落泪。

萧嶷去世时四十九岁，他的几个小儿子还不懂事，他在临终前把两个大儿子唤到跟前，向他俩口述遗嘱：

> 人生在世，本自非常，吾年已老，前路几何。居
> 今之地，非心期所及。性不贪聚，自幼所怀，政以汝

兄弟累多，损吾暮志耳。无吾后，当共相勉厉，笃睦
为先。才有优劣，位有通塞，运有富贫，此自然理，
无足以相陵侮。若天道有灵，汝等各自修立，灼然之
分无失也。勤学行，守基业，治闺庭，尚闲素，如此
足无忧患。圣主储皇及诸亲贤，亦当不以吾殁易情也。
三日施灵，惟香火、槃水、干饭、酒脯、槟榔而已。
朔望菜食一盘，加以甘果，此外悉省。葬后除灵，可
施吾常所乘舆扇伞。朔望时节，席地香火、槃水、酒
脯、干饭、槟榔便足。虽才愧古人，意怀粗亦有在，
不以遗财为累。主衣所余，小弟未婚，诸妹未嫁，凡
应此用，本自茫然，当称力及时，率有为办。事事甚
多，不复甲乙。棺器及墓中，勿用余物为后患也。朝
服之外，惟下铁镮刀一口。作冢勿令深，一一依格，
莫过度也。后堂楼可安佛，供养外国二僧，余皆如旧。
与汝游戏后堂船乘，吾所乘牛马，送二宫及司徒，服
饰衣裘，悉为功德。

　　萧嶷的遗嘱跟王祥的遗嘱有相似之处，先是安慰儿子，然
后是给儿子的遗训，最后是安排自己的后事。

　　萧嶷安慰儿子："人生在世，很不容易。我现在老了，人生
之路剩余不多，我能到今天这样的地位，已经超过我的期望。"

　　接着他检讨自己："我向来不喜欢积聚钱财，从幼年时就如
此，有了你们兄弟，我不得不积聚一些钱财，这有损我的晚节。"

然后他训示儿子："我死之后，你们要互相勉励，团结和睦。一个人的才能有优有劣，地位有高有低，运气有好有坏，这是自然之理，不要因为自己有优势就欺凌别人。若是上天有灵，就让你们各自修身立行，你们的才干是不会被埋没的。希望你们勤奋学习，付诸行动，守住基业，治理好家庭，崇尚朴素节俭。你们能做到这些，我就不忧虑了。皇上、皇储，以及各位亲友，也不会因为我没了而改变对你们的态度。"

最后，萧嶷安排他的身后事。他让儿子给他简办丧事，墓穴不要挖得太深，随葬品只用他的朝服和一把铁镮刀，灵前供香火、盘水、干饭、肉脯、槟榔，朔望之日的供品也用这些东西。节约钱财将来安排小儿子、小女儿婚嫁。葬礼之后的除灵仪式用他日常使用的车舆扇伞，后堂供佛像，请两个外国僧人，别的不用准备了。后堂的船乘和他骑过的牛马送给二宫和司徒，他的衣饰皮裘布施出去做功德。

萧嶷的两个儿子哭着接受了父亲的遗命。

二

萧嶷不是临终突发善念，而是他一向品德高洁。《南齐书》说萧嶷："宽仁弘雅，有大成之量，太祖特钟爱焉。"齐太祖因长子萧赜办事不力，多次想立萧嶷为太子，萧嶷没有借机挤掉哥哥上位，而是对哥哥萧赜始终恭敬谦让，萧赜因为这个缘故也特别敬爱弟弟。

立储在帝王家是最敏感的事情，清代的雍正皇帝胤禛和十四弟胤禵是一母同胞的兄弟，就是因为立储一事，兄弟两人反目成仇。萧嶷的父亲多次流露改立太子之意，萧嶷却谨言慎行，没有引起哥哥的猜忌，这实属不易。

萧嶷性情宽容，从不记人过失。有人写信向他告状，他看也不看，把告状信塞进靴筒里，过后扔进火里烧掉。

萧嶷的地位越高，他越有急流勇退之心。他的北宅有一片田园风景很美，他让人把园子修好，坚决要求辞去职务，回家休养。

萧嶷去世以后，府库中没有财物，齐世祖萧赜知道后很伤心，每月给他的家属发放百万钱生活费，直到第二年其去世。

皇族是社会上的"高光人群"，历朝历代，都有很多人傲慢自负，奢侈无度，齐朝也不例外。萧赜的两个儿子萧长懋和萧子良就在父亲萧赜的眼皮底下偷偷享乐。

萧长懋表面上很有爱心，设立六疾馆收养穷人，私下里，他把宫殿园林修得比皇宫还华丽，园中到处亭台楼阁、奇山异石。他害怕皇上从宫里的高楼上看到，就在门外栽上竹子，里面弄上屏障，又造了些活动墙壁，墙壁里面装上机关，听到皇上要来的消息，立即把活动墙壁拉起来，把里面的建筑遮住，皇上走后，再把活动墙壁拉开，把里面的建筑露出来。

日常生活中，他也奢侈无比，让人制造各种珍奇玩物，如用孔雀毛织成裘衣，比用野鸡头上的毛织出来的裘衣更华丽。

萧长懋父亲萧赜允许他在东田造小苑，有一天，萧赜路过太子的东田，只见宫墙绵延，楼阁相望，才知道儿子不是修了个小苑，而是修了个大苑。

齐世祖萧赜对弟弟友爱，对百姓爱护，但他没有萧嶷的自警、自省精神，生活上比较放纵，儿孙也没教育好。他的太子萧长懋奢侈享乐，皇太孙萧昭业聪明有才，但是聪明不用在正道上，整天胡作非为。萧昭业当上皇帝以后，拿着钱胡乱赏人，很快把府库里存的数亿钱财挥霍将尽，还把宝库里的宝器拿出来砸着玩儿。

大将军萧鸾看到萧昭业不得人心，趁机发动政变，杀死萧昭业，篡夺皇位。

三

在《南齐书》萧嶷的传记之后，史官评道："蕃辅贵盛，地实高危，持满戒盈，鲜能全德。豫章宰相之器，诚有天真，因心无矫，率由远度，故能光赞二祖，内和九族，实同周氏之初，周公以来，则未知所匹也。"

史官说：皇族地位尊贵，但是个高危人群，要时时警惕骄傲自满，很少有人保全德望。豫章文献王萧嶷有宰相的器量，内心纯净，不虚伪。他深谋远虑，故而能够给太祖、世祖两位皇帝带来荣耀，对内他能够和睦宗族。自西周初年的周公以来，没有像他这样优秀的皇族成员。

萧嶷不仅严格自律，还注重教育儿子，直到临终，仍在教育儿子勤奋、努力、节俭、和睦，不要欺凌别人，不要抱怨命运。他的儿子遵循他的遗训，表现很好。

在刘清之的《诫子通录》中记载着萧嶷教训儿子的一段话，萧嶷跟儿子说：

> 凡富贵少不骄奢，以约失之者鲜矣。汉世以来，侯王子弟以骄恣之故，大者灭身丧族，小者削夺邑地，可不戒哉？

萧嶷总结汉代以来王侯子弟的人生经验教训，发现那些身处富贵之中却不骄傲、不奢侈的王侯子弟，大多能善终。而那些骄横跋扈、肆意妄为的王侯子弟，大多没有好下场，重的身死族灭，轻的被夺去封邑，削去官爵。

梁孝王刘武是汉文帝的儿子，汉景帝的亲弟弟，窦太后特别疼爱他，赏赐给他的财物不计其数，他的封国多达四十余县，他游玩打猎的东苑达方圆三百多里。刘武还不满足，想让汉景帝传位于他，在听说汉景帝立了太子后，便派人去刺杀建议汉景帝立太子的官员。汉景帝看在窦太后的面子上没有处罚刘武，却从此疏远了他，最终刘武在郁闷中去世。

汉景帝儿孙们的暴行更是让人惊诧。

汉景帝的第五子刘非死得早，刘非的儿子刘建抢夺父亲的姬妾，与亲妹乱伦，还变着法子折磨宫人取乐。他故意把船打翻，让宫人溺水而亡，剃光宫人的头发，让她们用铅杵春米，有时让狼撕咬她们，有时把她们关起来活活饿死。

汉景帝的第七子刘彭祖性格阴险，派人监视朝廷派来的国相，抓住他们的些许过失就向朝廷告发他们，让他们不是被判刑就是被处死。刘彭祖当了六十年诸侯王，国相没有当满两年的。上梁不正下梁歪，刘彭祖的儿子也不学好，因为乱伦被废。

汉景帝的第八子刘端奸邪残忍，因为胡乱杀人受到朝廷惩罚，他怀恨在心，故意不修理府库，任凭里面堆积如山的财物烂掉。

汉景帝的十一子刘越的孙子刘去残杀宫人的行为更是令人发指。

像中山靖王刘胜那样"乐酒好内"；像胶东康王刘寄那样私造兵车弓箭，准备响应叛乱；像常山宪王刘舜那样"骄淫，数犯禁"的诸侯王，在汉景帝的儿子中居然是比较好的。

萧嶷死的时候，齐朝还欣欣向荣，他死后没两年，堂弟萧鸾篡位。萧鸾篡位不久死去，继任的萧宝卷视人命如草芥，动辄大开杀戒，没当几年皇帝就被大将萧衍夺权，建立梁朝。

在政坛的大动荡之中，齐太祖萧道成和齐世祖萧赜的儿孙大部分被杀，唯有萧嶷的儿子安然无恙，继续在梁朝任职。

这是萧嶷以身作则注重教育儿子修得的善果。

位之得不得在天，德之修不修在我

——袁衷等《庭帏杂录》

一

在我国众多家训之中，《庭帏杂录》是很特别的一部，别的家训大都是长辈写给晚辈，《庭帏杂录》却是父母去世以后，几个儿子追忆父母生前的言行，集合成一部家训著作。

《庭帏杂录》是记录袁仁和他的妻子李氏言行的书。

袁仁，字良贵，号参坡。袁仁喜欢读书，家中藏书两万多卷，他博览群书，"无所不窥"。袁仁还能写一笔好字，他模仿赵孟頫的字能以假乱真。袁仁与沈周、唐寅等人是好友，与王阳明等人也有交往。

袁仁淡泊名利，他博学多才，但是不考科举，以行医为业。袁仁行医很有特色，他不仅医治病人的身体之病，还对病人进行心理疏导。他通过脉象感觉病人欲望很多，就告诉病人要清心寡欲；他通过脉象感觉病人郁积着愤怒之气，就告诉病人要宽容大度；他通过脉象感觉病人心性浮荡，就告诉病人要凝神内敛。

　　他认为治病要内外兼治，外治身，内修心。他自己也很注重医德。他的儿子袁裳从小很聪明，他的妻子想让袁裳考科举，袁仁却说："这个孩子福薄，不是个能享官禄之人，不如让他学习六德六艺，做个好人，长大以后学医。"袁裳拜文徵明为师，学习书法诗文，打好文化课基础以后，袁仁才传授他医术。

　　在儿子学医之前，袁仁让儿子记住八件事："志欲大而心欲小，学欲博而业欲专，识欲高而气欲下，量欲宏而守欲洁。"

　　行医下药的时候，以人命为重，小心谨慎，不可乱用一味药，不可乱试一个方子，这是"志欲大而心欲小"。

　　行医之人要博学多识，"上察气运于天，下察草木于地，中察性情于人学"，又要专心致志，精通本业，这是"学欲博而业欲专"。

　　行医之人要胸怀开阔，眼光高远，见微知著，察迹知因，又要不弃贫贱，不嫌臭秽，病人患有恶疾，也要耐心救治，这是"识欲高而气欲下"。

　　对行医的同行，能告诉别人的经验要告诉别人，别人的长处要虚心学习，病人的酬谢之物，富人的收下做行医资本，穷人的不能收，这是"量欲宏而守欲洁"。

　　袁仁经常教育儿子要注重德行培养。他跟儿子说："士之品有三：志于道德者为上，志于功名者次之，志于富贵者为下。"

　　袁仁跟儿子们说："现在的人们生了儿子，只要天资稍好一点，父母师友就盼望他成为富贵之人。儿子有点成就，除了富贵，不知功名是何物，更不在乎道德。我的父亲是个非常聪颖之人，我也不算愚笨，我们都不钻研科举文章，而是读五经等典籍。生了你们兄弟以后，才让你们学习科举文章，也不指望你们富贵。"

他说："位之得不得在天，德之修不修在我。毋弃其在我者，毋强其在天者。"能不能得到官位，这是天的事，修不修道德，这是我的事。我的事要努力做好，天的事不能强求。

袁仁医术高明，医德高尚，学问渊博，人们都很敬重他。他曾被推选为"耆宾"，主持地方上的祭祀典礼。耆宾只有德高望重之人才可担任，是一项很高的荣誉。

二

袁仁有八个孩子，长子袁衷、次子袁襄是原配王氏所生。王氏去世时，袁衷年仅五岁，袁襄年仅四岁，袁仁续娶李氏为妻，李氏又生了袁裳、袁表（后改名袁黄）、袁衮三个儿子，袁仁与两任妻子还生了三个女儿。

袁家儿女众多，而且不是一母所生，这样的家庭很容易闹矛盾，袁仁与妻子李氏却把家庭关系处理得很好。

李氏把自己的位子摆得非常正，她把丈夫前妻的儿子视如己出，但是并不企图抹去前任的存在，这是一种高尚的内心修为，也是一种对自己内心修为的自信。

李氏进门时，袁仁原配王氏的灵座还摆放在桌子上，很多后任不愿看到前任存在的痕迹，恨不能把前任的痕迹全都抹去。

李氏却每天早晚吃饭前，先给丈夫的前妻王氏敬上饭菜，然后才开始吃饭。有时赶上过节，袁仁外出，李氏就带着袁衷、袁襄兄弟给王氏的灵位祭奠行礼，她含泪告诉袁衷、袁襄兄弟："你们的母亲不幸早逝，你们没机会奉养母亲，只能好好祭奠母亲，尽一点孝心。"

李氏嫁到袁家时，袁衷、袁襄正是五六岁"狗也嫌"的年龄，十分调皮捣蛋，刚穿上的新衣就扯了大口子，弄上一身泥。李氏怕丈夫责备两个孩子，总是连夜把两个孩子的衣服缝好洗净，不让他们的父亲知晓。

袁衷、袁襄经常吃饱饭后，跟李氏要零食吃，李氏总是尽量满足孩子们的要求，给他们一定量的零食，既不拒绝孩子们的要求，也不为了展示自己贤惠让孩子们尽情吃。

李氏对袁衷、袁襄兄弟关爱却不溺爱，袁衷、袁襄兄弟言行举止有不当之处，李氏总是及时纠正，袁衷、袁襄虽年龄小，却非常知礼。

李氏生了三个儿子，她让她的儿子对两个兄长恭敬，从不允许她生的儿子凌驾于两个兄长之上。

袁裳说到一件事，在一个夏雨初霁、槐荫送凉的日子，父亲袁仁雅兴大发，让儿子们写诗，袁裳先写了出来，袁仁读了以后击节赞赏。恰好有人送来葛布，袁仁就叫来一个裁缝，让他给袁裳做了一身葛布衣服。袁裳穿着新衣去见母亲。李氏问明情况，责备他道："你两个哥哥还没有新衣服，你怎么穿上新衣服了？你写首诗就穿上新衣，置你两个哥哥于何地？"说着便把儿子身上的新衣脱了下来，给袁衮、袁襄各做了一套新衣，这才让袁裳把新衣再穿上身。

袁襄回忆李氏时充满感情地说道："吾母爱吾兄弟，逾于己出，未寒思衣，未饥思食。亲友有馈果馔，必留以相饲。"

袁衮、袁襄兄弟长大成人，娶了媳妇，李氏还是像他们小时候那样照顾他们。袁襄的妻子很感动，流着泪跟袁襄说："即使是自己的亲生母亲，也不过如此。"

李氏善待儿子儿媳，儿子儿媳也对她非常孝敬。每当娘家送来东西，袁襄的妻子自己从不先吃，而是先送给李氏品尝。

有一次，袁襄妻子得到一条鳜鱼，她亲自烹调得当，让一个小奴仆胡松送给李氏尝鲜。胡松端着鱼往李氏房中走，鳜鱼的鲜香之气十分诱人，他看看四周无人，拿起一块鱼肉放进嘴里，鱼肉的鲜美让他欲罢不能，他又往嘴里放了一块，很快把一盘鱼吃了个精光。胡松回去跟袁襄妻子说，他把鱼送到了。袁襄妻子信以为真，之后见到李氏，她问李氏："鳜鱼还好吃吗？"李氏怔了一下，说道："还好吃。"袁襄妻子察觉到异样，便叫来胡松询问，胡松只好承认他把鱼偷吃了。袁襄妻子回去跟李氏说："鱼没送来，您怎么还说好吃呢？"李氏笑道："你问我鱼好吃吗？一定是派人给我送鱼了。我没见到鱼，一定是被送鱼的人偷吃了。我不愿因为一条鱼的缘故让别人受责备。"

袁襄在《庭帏杂录》中谈及此事，感叹李氏："其厚德如此。"

三

袁仁、李氏夫妇与八个子女和八个儿媳、女婿相处融洽，父慈子孝，婆媳和睦，虽然有很多相处技巧，总的来说，是袁仁与妻子李氏给孩子们树立了一个好榜样，让儿女们从内心里仰慕父母。

袁仁与妻子李氏平日里待人接物，如春风和煦，与亲戚邻居交往，从不计较对方是贫是富。他俩的行为让儿女们明白，他们的父母是真正的大德大善之人。他们对亲戚邻居尚且一片真心，对自己的儿女岂会不上心？

袁家邻居中有户姓沈的人家，非常难相处。袁家有一棵桃树，桃枝长到沈家，沈家就拿锯子把桃枝锯断。袁氏兄弟看到，回家告诉母亲，李氏说："他们做得没问题，咱们家的桃枝，怎么能占别人家的地盘。"沈家种着棵枣树，枣枝伸到袁家，李氏告诫儿女奴仆，不许他们摘枣，待到枣子熟了，李氏唤过沈家的使女，当面把枣子摘下来，用盒子装着送到沈家。袁家有只羊从圈里跑出来，跑进沈家的园子，沈家把羊打死了。没几天，沈家也有只羊跑出来，跑进了袁家。袁家的奴仆很高兴，想把沈家的羊打死，一报还一报。李氏连忙制止，把羊送回沈家。沈家有人生病，袁仁不计前嫌，去给沈家治病、送药。沈家家贫，又生病，生活艰难，李氏召集邻居给沈家凑了一笔钱，还送给沈家一斗米。袁仁与李氏的行为让沈家非常感动，不再与袁家为仇，还与袁家结成了姻亲。

有一年，有个富户娶亲，坐着一只大船从南方来，走到袁家门口时，突然风雨大作，大船撞到袁家的船坊上，把船坊撞断了。邻居们出来揪着船上的人不放他们走，让他们赔偿损失。李氏听到消息问："新娘在船上吗？"人们说："在船上。"李氏说："娶妻都是求吉庆，若是揪住人家让赔钱，新娘的公婆会认为不吉利。我们的船坊年久失修，本来就要倒塌，他们又是遇到大风雨，不是存心损坏，让他们走吧。"人们于是放他们离开了。

袁家买米买柴，都是李氏掌管，李氏总是在讲定的价钱之外，多给卖家添一点钱。别人问她是什么缘故？她说："这些做小本生意之人，日子很不容易，不能亏他们。一次多给他们一厘银子，一年不过多花五六钱银，我在别的地方省一省，就省出来了。"

她教育儿女记住"内不损己，外不亏人"这几个字，世世勿忘。

袁仁经常跟儿子们说："君子为人，毋为人所容。宁人负我，我毋负人，倘万分一为人所容，又万分一我或负人，岂惟有愧父兄，亦实惭负天地，不可为人矣。"

李氏一生勤劳，直到儿女各自成家，她仍然每天纺纱，儿媳劝她休息，她说："古人有一日不作一日不食之戒，我辈何人，可无事而食？"

袁家前几代都不考科举，到袁衰这一代，兄弟众多，才赋不一，才让儿子研习举业。在科举上最成功的是袁表，他于万历十四年（1586）考中进士。刚开始，袁表的科举之路并不顺利，他在一次考试中被录为卷首，却因为一点小缘故被刷下来，李氏安慰袁表，让他不要把得失放在心上。后来袁表考中举人，喜报传来，李氏也没有狂喜。

袁仁与李氏去世后，袁氏兄弟经常回忆父母生前言行，这些回忆文字多达二十多卷，经过倭寇之乱，很多记录丢失，袁表把残存的记录编为两卷，由袁表之子袁天启写序，袁仁女婿钱晓修订，即是《庭帏杂录》。

善心真切，即一行可当万善

——袁黄《了凡四训》

一

袁黄原名袁表，号学海，后来改号"了凡"，世人称他为"了凡先生"。

袁黄博学多才，他在历法、术数、水利、医药等方面无所不通。他一生著述丰富，仅就家训而言，他不仅与他的兄弟们编写了记录他们父母言行的《庭帏杂录》一书，他自己还著有《训儿俗说》《了凡四训》两部训子书，其中以《了凡四训》最为著名。

《了凡四训》又名《训子文》，是袁黄写给他的儿子袁天启的一部劝善之书。全书分为"立命之学""改过之法""积善之方""谦德之效"四部分，故名"四训"。

"四训"写于不同时期，"立命之学"是袁黄六十九岁时所著《立命篇》，"改过之法""积善之方"是袁黄早年所著《祈嗣真诠》，"谦德之效"来自他的《谦虚利中》。

"立命之学"是袁黄给儿子讲述命运与人的主动性之间的关系的部分，他告诉儿子，人不能被动地接受命运，而是应该以积极的心态改变命运。

袁黄早年打算学医，他的母亲认为学医可以养生，又可以济世救人，袁家本来就以行医为业，袁黄学医，也算继承祖业。某年袁黄认识了一位来自云南的孔先生（应是易学家杨向春之化名），孔先生会推算命运术理，他跟袁黄说："你明年就要考中秀才了，何必去学医？"

然后他又跟袁黄说，你某年补上廪生，某年补为贡生，某年当上知县，某年去世，命中无子。

袁黄于是放弃学医的想法，继续读书，第二年他果然考中秀才，然后补为廪生、贡生，时间、名次都跟孔先生说的一样。

这本来是好事，却对袁黄产生了副作用，他认为自己的一生已经被孔先生算定，努力也没用，于是开始躺平，等待命运安排。他补贡后在京城学习一年，别人刻苦读书，他整天浑浑噩噩，什么也不做。

一年后袁黄来到南京，他在栖霞山遇到云谷禅师，云谷禅师奇怪他年纪轻轻，竟心如死水，问他是怎么做到的？袁黄便把他遇到孔先生的事说了一遍。

云谷禅师听了笑着说："我还以为你是个豪杰，原来你也是个凡夫俗子。"

袁黄问云谷禅师为什么这样说。

云谷禅师跟他说了八个字："命由我作，福自己求。"

袁黄听了以后幡然醒悟，他想起孟子也说过一句类似的话——"求则得之"。他年纪轻轻就什么也不追求，等待命运安排，那就真成为命运案板上的鱼肉了。

经过云谷禅师开导，醒悟后的袁黄决定积善修福，自己掌握自己的命运。云谷禅师看到袁黄的转变很欣慰，他送给袁黄一本功过格，让他把每天做的好事、坏事都记录下来，他做的好事达到一定量之后，命运的走向就会改变。

从此以后，袁黄像换了个人，他一改之前浑浑噩噩的状态，每天小心谨慎，唯恐不小心做了坏事，哪怕在无人之处，他也严格要求自己，让自己的言行对得起良心。别人诋毁他、骂他，他也泰然处之。

自从袁黄不再信命，孔先生以前的预言就都不准确了。孔先生原先没有预言袁黄能考中举人，他却考中了。原先孔先生说袁黄命中无子，他却在四十九岁时有了儿子袁天启。原先孔先生算定袁黄五十三岁去世，他不但没去世，还在第二年考中了进士。

袁黄对自己通过努力改变命运感到很自豪，在改变命运的过程中，他的内心也深受震撼。随着儿子袁天启长大，他想把他积善修福的经过告诉儿子，让儿子继承他的遗志，也像他那样积福行善。

二

"改过之法"是袁黄教育儿子如何改正过错的部分。人生于世，有过错难免，怎么才能改正过错，乃至于不犯错？

袁黄认为要具备三个条件：

一是"要发耻心"。向古代圣贤看齐，做了坏事，心里要有羞耻感，不要犯了错还自鸣得意。

二是"要发畏心"。一个人做的坏事，哪怕没人看见，也会损自己的福报。行善不在早晚，即使生命走到尽头，一息尚存，能够幡然悔悟，也是善终。

三是"须发勇心"。人们不肯改过的原因，大多是没有勇气面对自己的错误，应该意识到自己的错误就立即改正，小错易改，大错难改，不要发展成大错再改。

"改过"要经过三个阶段，这三个阶段做法不同，功效不同。

第一阶段是"从事上改"，就是要做不好的事情时，及时收住手，以前杀生，现在不杀，以前骂人，现在不骂。这只能勉强算"改过"，不算彻底"改过"。

第二阶段是"从理上改"，就是从道理上想通不好的事情没必要去做，比如说生气骂人，只要道理上想通了，随便别人诽谤诋毁，我都不在意，那些诽谤诋毁也就没意义了。

第三阶段是"从心上改"。人的过失有千百种，归根结底，是心中有不良念头，有了不良念头，就会做不好的事。要想改过，就自己发个重誓，让朋友提醒自己，让鬼神监督自己，一有恶念立即改掉，直到内心澄澈，这样才能断绝犯错的机会。

"积善之方"是袁黄教儿子怎样"积善"，他列举了十个善有善报的例子，然后告诉儿子，行善不能莽撞，行善也是技术活儿，不是你想要怎么行就怎么行。

在袁黄看来，行善要区分以下几种情况，即学会区分"真假、端曲、阴阳、是非、偏正、半满、大小、难易"，不然行善事未必有善果。

所谓真假，就是看你的行为是利人还是利己。利人，骂人打人也是行善。利己，笑容可掬也不是行善。

所谓端曲，就是善在外表还是在心里，善在外表是曲，善在内心是端。

所谓阴阳，就是做善事唯恐别人不知道，这是阳善，做善事而别人不知，这是阴德。

所谓是非，就是善行产生的后果和引发的社会影响，产生不良后果的行为不是真善。

所谓偏正，就是善心促成恶，是偏，恶心促成善，是正。

所谓半满，就是为善而心里念念不忘，这是半善，为善而心里不以为善，认为是寻常之举，这是满善。

所谓大小，就是善行有大有小，恶行有大有小，一件大善事，能抵消许多小恶行。

所谓难易，就是穷人行善难，小善事是大善事，富人行善易，大善事是小善事。

袁黄开出"改过"的十味药，分别是"与人为善，爱敬存心，成人之美，劝人为善，救人危急，兴建大利，舍财作福，护持正法，敬重尊长，爱惜物命"。他说，善行有很多种，只要照着这十点去做，"则万德可备矣"。

"谦德之效"是袁黄告诫儿子要以谦养德。做善事需要钱，无钱之人很难做善事，但是谦虚不需要任何金钱，只需要一个良好的态度，这是最容易做到的。

这部分，袁黄的基本论调还是人是可掌握命运的，"造命在天，立命在人"，一个人坚持行善，命运就会顺着他的意愿而转变。

三

袁黄的《了凡四训》有着浓重的因果报应的色彩，这与袁黄受佛教思想影响有关。尽管《了凡四训》有一些玄学成分，袁黄的出发点仍然是值得肯定的，他写这本书是劝儿子多行善事，行善以积德，积德而改运。行善，在任何一个时代都是提倡的。

袁黄提倡的善并非伪善，而是发自内心的善。袁黄虽然受佛教思想影响，他的修行方式仍是儒家提倡的"吾日三省吾身""君子不欺暗室"，通过不断反省，纠正自己行为的偏颇，提高自己的思想认识，即使在无人发现之处，无人监督之时，也不做违背良心之事。

劝善文并非袁黄的发明创造，而是一种在明末非常流行的文体。

　　明朝末年，江南经济空前繁荣，明初淳朴的社会风气变得奢靡浮华，士绅的力量壮大，这个阶层人脉广、影响大，法律对他们的约束力小。在这样的背景之下，劝他们向善是很有必要的。当然，劝善文并非只针对士绅阶层，只是劝善文的作者大多是士绅，他们的作品最初的读者也以士绅为主。

　　当经济繁荣到一定程度，旧秩序被冲破，新秩序未确立之时，道德的滑坡是整体的、全民的，并非专属某个阶层，只是某个阶层在潮头浪尖上，特别醒目而已。

　　袁黄的《了凡四训》从诸多劝善文之中脱颖而出，在于他是一位积善修福的亲身实践者，他的论述有说服力。袁黄还是一位知识渊博的学者，他把劝善提高到了一个新的理论高度。

　　大部分劝善文把因果简单化，这既不符合我们这个世界的构造逻辑，也不符合生活实际。袁黄的可贵之处在于他以辩证的方式看待善行，善是有层次的，善因与善果并非一一对应。

　　有心行善，未必真善，无心行善，才是真善。

　　袁黄当上宝坻县令之后，忙于公务，他的妻子忧心忡忡，因为他们的善行少了。其实袁黄干了一件大善事，宝坻县原来每亩田纳粮二分三厘七毫银子，袁黄核算之后，减到一分四厘六毫。这种善事，惠及千家万户，一件抵万件。

　　袁黄在宝坻当县令期间，访贫问苦，救助鳏寡孤独，兴修水利，亲自指导农业生产。这样的善行很难量化，但是这种难以量化的善是真善。

　　行善会不会改变命运呢？答案是肯定的。一个人从内心变得善良以后，他不再与人斤斤计较，他的人际关系会缓和；他不再贪婪，避免因贪财而致祸；他不再损害别人，不会引发别人的反噬。他每天心怀喜悦，健康状况也会好起来。

从这个意义上说，袁黄的劝善文还是很有积极意义的。

八

清廉

后世子孙仕宦，有犯赃滥者，不得放归本家

——包拯家训

> 后世子孙仕宦，有犯赃滥者，不得放归本家；亡
> 殁之后，不得葬于大茔之中。不从吾志，非吾子孙。

这是包拯给子孙们立的家训，为了防止儿孙们遗忘，他让包珙把家训刻为石碑，立于堂屋东墙上，让子孙们一进堂屋门就能看到。

一

包拯，字希仁，庐州合肥（今安徽合肥）人，因他曾经担任天章阁待制、龙图阁直学士，人们称他为"包待制"或"包龙图"，他的谥号是"孝肃"，人们也称他为"包孝肃"。民间敬称他为"包公"，因他为官清廉，也称他为"包青天"。

在戏剧中，包拯是个父母早逝被嫂子养大的孤儿。真实的包拯父母双全，他的父亲包令仪二十四岁考中进士，多年在地

方上为官，死后追赠太保。

包令仪有三个儿子，包拯是他的第三子。包拯出生时，包令仪年近四十，虽是中年得子，但他并没有溺爱包拯，而是从小就对包拯要求很严格。

包拯二十九岁时考中进士，这时他的父母已经年近七十。朝廷任命包拯为建昌知县，包拯不忍远离年迈的父母，请求就近任职，朝廷改授他和州监税。就任不久后，包拯则辞官，在家专心照顾年迈的父母，直到几年后父母去世，他为父母守孝期满，才又出来为官。

包拯再出来为官时已经三十九岁，他在地方上当了几年知县、知府，才被调到朝中任职。嘉祐七年（1062），包拯病逝，享年六十四岁。宋仁宗听到包拯去世的消息，亲自到包府吊唁，为包拯辍朝一日，赐谥号"孝肃"。

包拯死后，他的故事在民间广泛流传，人们把他的故事编成戏剧，在全国各地上演，甚至出现专门的"包公戏"，包公成为宋代知名度最高的人物之一。

戏剧中的包公是一个大黑脸，象征着铁面无私，他有三口御赐铡刀，龙头铡铡犯法的皇亲国戚，虎头铡铡犯法的贪官污吏，狗头铡铡欺压良民的地痞恶霸。

在《陈州放粮》中，包拯铡过私吞赈济粮的庞国舅，在《秦香莲》中，他铡过抛妻弃子的驸马爷陈世美，他还铡过贪赃枉法草菅人命的侄子包勉。

戏剧中包公的形象是夸张的，不过，包拯确实是一个铁面无私之人。他不苟言笑，人们几乎见不到他的笑脸，人们说他"笑比黄河清"，意思是包拯的笑容像黄河水变清澈一样稀罕。包拯性情刚直，执法如山，不论是达官显贵，还是皇亲国戚，只要触犯国法或是违反制度，他都不会轻饶。皇帝做错了事，他也直言不讳，寸步不让。

皇祐二年（1050），包拯被宋仁宗授予天章阁待制、知谏院之职，成为一名谏官，多次上书斥责权贵，指出朝廷的很多弊端，大多被宋仁宗采纳。

宋仁宗特别宠爱张贵妃，他爱屋及乌，对张贵妃的亲人也给予特殊关照。宋仁宗想任命张贵妃的伯父张尧佐为宣徽南院使、淮康军节度使、群牧置制使、景灵宫使。包拯认为按照宋朝惯例，后妃亲属不能担任这样的官职，他多次上书劝谏，宋仁宗都没听。

包拯则联合别的谏官一起劝谏，他情绪激动，唾沫星子都飞到宋仁宗脸上。宋仁宗拗不过包拯，只好撤销了张贵妃伯父的两个职务。

包拯还弹劾过宰相宋庠、宋庠的弟弟宋祁、舒王赵元偁的女婿郭承祐、担任三司使的张方平、担任淮南转运使的王逵。王逵担任转运使期间盘剥百姓，滥用酷刑，他擅长拉关系，跟宰相陈执中、贾昌朝等人关系很好，宋仁宗也很欣赏他。他恃仗自己朝中有人，胆大妄为，包拯连续弹劾他七次，才迫使朝廷撤销了王逵的官职。

包拯经常弹劾违法乱纪的权贵，人们给他起绰号"包弹"，官吏有品行不洁的，人们就说"有包弹会弹劾他们"。民间流传着"关节不到，有阎罗包老"的谚语。

二

包拯弹劾权贵，不给任何人留情面，还能步步高升，缘于他严于律己、"刚而不愎""守法持正，敢任事责，凛凛然有不可夺之节"，即使有人怨恨他，也从他身上挑不出毛病。

包拯早在为官之前，就立志做一个清官。他二十三岁时，北宋著名大臣刘筠被权相丁谓排挤出朝廷，来到庐州任太守，刘筠人品端正，很有才学，包拯作为庐州的优秀青年学子受到刘筠的关照。刘筠经常鼓励包拯、教导包拯，包拯从刘筠身上看到一位官员的美好品质，立志向刘筠学习。

庐州有一个富翁听说包拯是一个很有前途的青年，邀请包拯等人到他家中赴宴，包拯没有答应。过了段时间，这位富翁又邀请包拯等人，包拯的一个李姓同学怦然心动，想去赴宴。包拯说："他是个富人，一定是怀着目的结交我们。我们将来走上仕途，有可能在家乡附近任职，到时候他向我们请托关系，我们会被他拖累。"

包拯为官二十余载，晚年成为朝廷中的高级官员，他的生活却非常节俭，生活用品还是跟他做平民时一样。

庆历元年（1041），包拯出任端州知州，端州出产的端砚是我国四大名砚之一，每年都要向朝廷进贡。这批进贡的端砚数量不多，但是地方官每年征派的端砚数量是朝廷规定数量的几十倍。原来北宋的文人士大夫都喜欢端砚，端州地方官趁机横征暴敛，额外征派的这些端砚落在这些地方官手里，被他们私人收藏或是用来贿赂朝廷官员，可却无情地加重了当地百姓的负担。

包拯担任端州知州时打破了这个惯例，让工匠只按规定的数额生产，任何人不得私自加征，违者重罚。包拯自己以身作则，他直到任满离开，也没有带走一块端砚。

嘉祐元年（1056），包拯权知开封府。开封府是北宋都城所在地，开封知府地位尊贵，通常是朝中重要大臣才能担任。但是开封府也是个特别难治理的地方，城里既有飞扬跋扈的皇亲国戚、达官显贵，也有横行霸道的地痞无赖，处理他们的事情很让人头疼。

开封府有个不好的惯例，百姓向知府告状，不能直接到公堂上告状，而是先把状纸交给守门的府吏，由府吏把状纸转交给知府，知府什么时候审理，再由府吏转告告状人。这样府吏就有了暗箱操作的空间，他们趁机向告状人大肆勒索钱财，很多人因为没钱而不能告状。

包拯上任以后，改革告状制度，让百姓不经府吏之手，直接拿着状纸到公堂上告状，诉说冤情，包拯依律剖析审理。一时，包拯的威名震动都城，达官权贵和无赖子弟都不敢放肆，怕落在包拯手里吃大亏。

包拯因为丧子，受到朝廷照顾，让他回家乡庐州任职。他的一些亲戚听到消息后很高兴，认为包拯对别的官员不留情面，对自己的亲戚总会网开一面吧。包拯的一个从舅就仗包拯之势欺负别人，被告到公堂之上，包拯不徇私情，狠狠惩罚了从舅。从那以后他的亲戚们都不敢胡作非为。

三

包拯怕他的子孙后代贪赃枉法，特意制定家训，让他的后代为官者，一定要清廉，若是贪赃枉法，生前不放他们回家，死后不得埋进祖坟。

包拯有两个儿子，长子包繶身体不好，结婚两年就去世了，给包拯留下一个孙子包文辅。没想到，包文辅五岁时也夭折，儿媳崔氏整天以泪洗面。包拯夫妇劝儿媳趁着年轻改嫁，崔氏表示愿意留下来照顾年迈的公婆。

包拯的次子包绶是包拯晚年时一个侍妾所生。这个侍妾有过错被包拯赶出家门，崔氏听说侍妾有身孕，就让侍妾生下孩子，自己暗中接济侍妾母子。包拯六十岁生日时，感叹自己门户萧条，没有后代，崔氏趁机把侍妾生有一子的消息告诉包拯，请求包拯把儿子接回家，包拯欣然同意了。

包拯去世时，包绶年仅五岁，嫂子崔氏像慈母一样把他抚养成人。在包公戏中，包公幼年丧母，嫂子把他抚养成人，他管嫂子叫"嫂娘"，实际上这是包公的儿媳崔氏和次子包绶的故事。

崔氏经常把包拯的故事讲给包绶听，包绶虽然与父亲包拯相处的时间不长，却传承了包拯的优良家风。他像包拯一样奉公守法，不徇私情，为官清廉，一介不取。

包绶四十七岁出任潭州通判，不幸路上染病去世。人们打开包绶的行李，发现除了朝廷发放的任命状、书籍、文具之外，一件值钱的东西也没有。人们又翻他身上的衣袋，只翻出四十六枚铜钱。

包绶去世以后，他的妻儿只能靠岳父家资助而生活，因为家境贫困，他去世十六年后，他的儿子才把他的棺材运回家乡安葬。

包拯的长子包繶无子，过继包拯大哥包播的孙子包滨为嗣，改名包永年。包永年也继承了包拯的优良家风，为官清廉，他的墓志铭中称赞他："孝肃公之遗风余烈犹在也。"包永年为官多年，几乎没有积蓄，死后的葬具是两个堂弟给他置办的。

包拯家训中所言"仰珙刊石，竖于堂屋东壁"的"珙"不知是何人，但是我们已知的包拯的儿孙都遵循包拯家训，没有人贪赃枉法。

贫莫断书香，贵莫贪贿赃

——纪晓岚遗训

一

在民间传说和影视剧中，纪晓岚是个机智豁达之人，手里拿着一个大烟袋，整天戏弄和珅和乾隆。

真实的纪晓岚，一生并不如此潇洒，伴君如伴虎，陪伴在皇帝身边虽然风光，风险也大，不小心触怒皇帝，轻则贬官，重则丧命。一生自视甚高的乾隆对满腹才华的纪晓岚既"物尽其用"，又时常打击，有时还对纪晓岚进行人格侮辱。纪晓岚只能小心翼翼，默默承受。

纪晓岚的家人也让他不放心。纪晓岚十七岁与东光进士马周菉的次女结婚。婚后小两口举案齐眉，日子很是和乐。马氏在婚后第三年生了长子纪汝佶，后来次子纪汝传、三子纪汝似相继出生。纪晓岚在京城里为官，妻子马氏带着几个儿女在老家生活。

纪晓岚时常牵挂家乡的妻儿，他的妻儿生活毫无问题，他牵挂的是儿女的教育。纪家最初是个普通富户，有一年发生灾荒，很多人流离失所，纪家的老祖宗看灾民可怜，拿出自家粮食赈济灾民，谁知他们的善举惹恼了官府，竟然把纪家的老祖宗治罪，关进大牢。纪家的老祖宗带着一肚子冤屈，逃亡到献县，立志让儿孙努力读书，考科举，入仕途，免得再被官府欺负。

纪晓岚很清楚，纪家的儿孙必须努力读书，否则就会败落下去，一代、两代还有祖宗的光环罩着，三代以后，就打回原形。

纪晓岚在京城里很忙，儿女的教育问题，只能委托给妻子马氏。他给马氏写了封信，告诉她怎样教育孩子：

> 父母同负教育子女责任，今我寄旅京华，义方之教，责在尔躬。而妇女心性，偏爱者多，殊不知，爱之不以其道，反足以害之焉。其道维何？约言之，有"四戒""四宜"：一戒晏起；二戒懒惰；三戒奢华；四戒骄傲。既守"四戒"，又须规以"四宜"：一宜勤读；二宜敬师；三宜爱众；四宜慎食。以上八则，为教子之金科玉律，尔宜铭诸肺腑，时时以之教诲三子。虽仅十六字，浑括无穷，尔宜细细领会，后辈之成功立业，尽在其中焉。书不一一，容后续告。

纪晓岚跟马氏说：

教育子女，父母都有责任，我现在住在京城里，教育儿女的重任就落在你肩上了。女人比男人更疼爱孩子，却不知，若是疼爱孩子的方法不对，反而是害了孩子。

怎样才是正确疼爱孩子的方式？纪晓岚跟妻子说："简单来说，就是'四杜绝''四提倡'。"

四杜绝是：

第一杜绝晚起。早起的鸟儿有虫吃，一日之计在于晨，早上六点钟起床和早上九点钟起床，相差三个小时，用这段时间来读书，够读半本书了。

第二杜绝懒惰。养成懒惰毛病整天游手好闲，无所事事，虚废光阴，还说不出自己做了什么。

第三杜绝奢华。青少年正是读书的好年龄，染上奢华习气，整天比吃比穿，哪还有心读书？

第四杜绝骄傲。官宦子弟被众人捧着，很容易忘乎所以，不知道自己吃几碗干饭。

四提倡是：

第一提倡勤奋读书。青少年脑子好使，也没有繁杂事务扰乱身心，此时不读书，更待何时？

第二提倡尊敬师长。古代的"师"不仅是一门职业，也是一种伦理关系，所谓"天地君亲师"，父亲不在身边，师的地位更加重要。

第三提倡爱惜众生。君子必须要有仁爱之心，所谓"君子远庖厨"，就是让君子不要看到杀生，以免不爱惜生命。

第四提倡慎食。别乱吃乱喝，弄坏肠胃，还浪费食物。

二

纪晓岚的儿子长大了，各自成家立业，有的还做了官，都有了自己的小家庭和生活圈子。纪晓岚和妻子已过知命之年，本该到养老的年纪，可是，纪晓岚看着满眼的儿孙，心还是放不下。他觉得有必要再给儿子们写封信，把他的担忧说与儿子们听。

纪晓岚又给儿子们写了封信，这就是他的《训诸子书》：

余家托赖祖宗积德，始能子孙累代居官。惟我禄秩最高，自问学业未进，天爵未修，竟得位居宗伯，只恐累代积福，至余发泄尽矣。所以居下位时，放浪形骸，不修边幅，官阶日益时，心忧日益深。古语不云乎：跻愈高者陷愈深。居恒用是兢兢，自奉日守节俭，非宴客不食海味，非祭祀不许杀生。余年过知命，位列尚书，禄寿亦云厚矣，不必再事戒杀修善，盖为子孙留些余地耳。尝见世禄之家，其盛焉，位高势重，生杀予夺，率意妄行，固一世之雄也。及其衰焉，其子若孙，始则狂赌滥嫖，终则卧草乞丐，乃父之尊荣安在哉！此非余故作危言以耸听。吾昔年所购之钱氏旧宅，今已改作吾宗祠者，近闻钱氏子已流为叫花，其父不是曾为显宦者乎！尔辈睹之，宜作为前车之鉴，勿持傲谩，勿尚奢华，遇贫苦者宜赒恤之，并宜服劳。吾特购粮田百亩，雇工种植，欲使尔等随时学稼，将

来得为安分农民，便是余之肖子，纪氏之鬼，永不馁
矣。尔等勿谓春耕夏苗，胼手胝足，乃属贱丈夫之事，
可知农居四民之首，士为四民之末，农夫披星戴月，
竭全力以养天下之人，世无农夫，人皆饿死，乌可贱
视之乎！戒之戒之。

纪晓岚跟儿子们说：

仰仗我们祖宗的恩德，我们家几代子弟都做官，我的官做
得最大。我学问没有精进，德行没有圆满，却做到这么大的官，
我害怕我们家几代人积累的福分，到我这里要用尽了。所以我
官小的时候，放浪形骸，不修边幅，现在官越做越大，反而心
里越来越忧虑。

古人说过，爬得越高，摔得越重。我现在小心谨慎，生活
节俭，没有宴请客人的时候，我不上海味，不到祭祀的时候，
我不杀禽畜。现在我年过五十，官也做得够大，也算禄寿两全，
我不再戒杀修善，把修善的机会留给你们了。

我看到很多世代官宦之家，位高权重的时候，生杀予夺，
肆意妄行，看上去势焰冲天。到了衰败的时候，他们的子孙狂
嫖滥赌，把家业输得一干二净，沦为睡在草堆里的乞丐，他们
祖辈的尊严一点也没有了。

我这不是危言耸听。

我们老纪家的宗祠，是买的钱家的旧宅。钱家过去也是官
宦之家，现在子孙已经沦为叫花子。这都是你们亲眼看到的，

应该当作前车之鉴，不要傲慢自大，不要奢华无度，遇到贫苦之人尽量周济他们，平时多干点活儿。

我专门给你们买了粮田百亩，现在雇人耕种，我想让你们也学学种庄稼，将来安分守己当个农夫，你们也是我的好儿子，我们老纪家的祖宗也有人祭拜，不会成为饿鬼。

你们不要说春耕秋种，手脚长着老茧子，这是贫贱之人做的事情。农夫才是"四民"之首，士人是"四民"之末。农夫披星戴月，辛苦劳作，养活天下之人。世上没有农夫，天下人早都饿死了，你们不要轻视他们，一定要警惕！警惕！

三

纪晓岚的《训诸子书》写得有点伤感。

纪晓岚从小才思敏捷，被视为"神童"，二十四岁考中解元，三十岁考中进士。但是他的儿子们长大以后都不太符合他的预期。

纪晓岚的长子纪汝佶最聪明，读书不久，八股文就写得像模像样，年纪轻轻考中举人。纪晓岚因给亲家卢见曾通风报信，被乾隆皇帝发配新疆，纪汝佶无人管教，爱上了写诗，不喜欢看科举文章。后来纪汝佶读到蒲松龄的《聊斋志异》，喜欢上《聊斋志异》瑰丽奇异的文风，更无心进取，三十来岁就病逝了。

次子纪汝传在读书上不如哥哥，科举的路子走不通，只以监生的身份做了官，但终究能力不行，任九江府通判时渎职拖欠赋税，连累纪晓岚被乾隆皇帝责备教子无方，官职连降三级。

三儿子纪汝似更糟糕，举人都没考中，一辈子只做了个县丞。四儿子纪汝忆是纪晓岚六十多岁时才有的，一生也是寂寂无闻。

纪晓岚很清楚，他的儿子将来在仕途上不会有很好的发展，他很伤心，也很忧虑。就此很多人会想：我的儿子将来做不了大官，我要赶紧敛财，多给儿子们弄些钱，让他们多买田产，多建房舍，以后吃老本，也能吃上几代。

纪晓岚并没这样做，他只买了一百亩田，他买这些田的目的是想万一儿子读书不成，做不了官，就让他们学习耕田种地，做个农夫，自耕自食，也能生活。

纪晓岚的长子去世，只能把次子当长子。他又给次子写了封信，这就是他的《训次儿书》：

　　当世宦家子弟，每盛气凌轹，以邀人敬，谓之自重，不知重与不重，视所自为。苟道德无愧于贤者，虽王侯拥彗不为荣，虽胥靡版筑不能辱。可贵者在我，在外者不足计耳。如必以在外为重轻，待人敬我我乃荣，人不敬我我即辱，则舆台仆妾，皆可以自操荣辱，毋乃自视太轻耶？先师陈白崖先生尝手题于书曰："事能知足心常惬，人到无求品自高。"斯真标本之论。尔当录作座右铭，终身行之，便是令子。

纪晓岚在给次子的信中，还是教儿子如何做人。他让儿子不要盛气凌人，以别人夸自己为荣，以别人对自己不敬为耻，在道德上严格要求自己，让别人发自内心地敬重自己。

嘉庆十年（1805），八十二岁的纪晓岚走到生命的尽头，他对围绕在他身边的儿孙们说：

> 我以三十一岁入翰林，至今已五十春秋。领纂四库书时，又得以遍读世间之书，人间的酸甜苦辣艰辛险阻，可谓全然皆知。有几句话，你们要牢记在心上：贫莫断书香，富莫入盐行，贱莫做奴役，贵莫贪贿赃。

最后这四句话，是纪晓岚一生经验的总结，内容最简，意义最丰。

虽然纪晓岚的儿子们读书成就不高，他还是希望纪家保持书香传统，只要书香不断，纪家就有可能再度崛起，儿孙们都不读书，那就真完了。

盐业是利润丰厚的行业，利益越大的行业，风险越大，人心越阴暗。纪晓岚的亲家卢见曾任两淮盐运使时，被盐商陷害，死于狱中。纪晓岚因给亲家通风报信，被发配新疆。纪晓岚对盐行很有成见，他宁愿儿孙耕田种地，也不愿他们涉足这个行业。

纪晓岚想到万一将来家庭没落，儿孙们沦为贫民，他希望他们去卖苦力，也不要去当奴仆。给达官贵人当奴仆比耕田种地省力气，还能跟着主子耀武扬威，但是奴仆是贱民，当了奴仆，就没翻身的希望了。

纪晓岚的儿孙跟他相比，算是平庸，跟别人比，还是很优秀的，有可能会继续做官。如果是这样，纪晓岚希望他们不要贪赃受贿。纪晓岚与和珅同朝为官，亲眼看到和珅利用职权大肆捞财，也亲眼看到和珅被嘉庆帝赐死，家产抄没，人没了，钱也没了。

纪晓岚的后代虽没人达到他的高度，但是他们生活得很安稳，一直延续到今天。不得不说纪晓岚比和珅更有智慧，眼光更长远。

子孙若如我，留钱做什么？

——林则徐教子联

一

道光二十一年（1841），林则徐被道光皇帝下旨革去官职，发配伊犁，途中因黄河水患，又被皇帝派往河南治水。治水工程完成以后，他仍然被发配到伊犁。

林则徐发配伊犁期间，给他的次子林聪彝写了一封信，这就是他的《训次儿聪彝》。

林则徐的信是这样写的：

字谕聪彝儿：尔兄在京供职，余又远戍塞外，惟尔奉母与弟妹居家，责任綦重，所当谨守者有五：一须勤读敬师，二须孝顺奉母，三须友于爱弟，四须和睦亲戚，五须爱惜光阴。尔今年已十九矣，余年十三补弟子员，二十举于乡。尔兄十六入泮，二十二登贤书，尔今犹是青衿一领。本则三子中，惟尔资质最钝，

余固不望尔成名，但望尔成一拘谨笃实子弟，尔若堪
弃文学稼，是余所最欣喜者。

林则徐跟儿子说："你哥哥在京中工作，我被发配到塞外，
只有你在家侍奉母亲和照应弟弟妹妹们，你的责任重大。你要
做到勤读书，孝敬母亲，爱护弟弟妹妹，照顾亲戚，别浪费时
间。你今年已十九岁了。我十三岁考中秀才，二十岁考中举人，
你哥哥十六岁考中秀才，二十二岁考中举人，你至今还是个秀
才。我的三个儿子之中，你资质最差，我从来不希望你成名，
只希望你成为一个恭谨厚道的孩子，你若是弃文学种庄稼，那
是我最高兴看到的事情。"

　　盖农居四民之首，为世间第一等最高贵之人，所
以余在江苏时，即嘱尔母购置北郭隙地，建筑别墅，
并收买四围粮田四十亩，自行雇工耕种，即为尔与拱
儿预为学稼之谋。尔今已为秀才矣，就此抛撇诗文，
常居别墅，随工人以学习耕作，黎明即起，终日勤动
而不知倦，便是长田园之好子弟。

林则徐接着说："农民是'四民'之首，是世间第一等最高
贵的人，我在江苏任职时，让你母亲在城北的空地上建了一座
别墅，在别墅周围买了四十亩地，雇人耕种，这是我留下来让
你和你弟弟拱儿学种庄稼的。现在你考中秀才，先把读书的事

放一边，常到别墅里去住住，跟着我雇的工人学习耕田种地，你能做到黎明即起，劳动一天也不嫌累，将来就是种庄稼的好手了。"

　　至于拱儿，年仅十三，犹是白丁，尚非学稼之年，宜督其勤恳用功。姚师乃侯官名师，及门弟子领乡荐，捷礼闱者，不胜缕指计。其所改拱儿之窗课，能将不通语句，改易数字，便成警句。如此圣手，莫说侯官士林中，都推重为名师，只恐遍中国，亦罕有第二人也。拱儿既得此名师，若不发奋攻苦，太不长进矣。前月寄来窗课五篇，文理尚通，惟笔下太嫌枯涩，此乃欠缺看书工夫之故。尔宜督其爱惜光阴，除诵读作文外，余暇须批阅史籍；惟每看一种，须自首至末，详细阅完，然后再易他种，最忌东拉西扯，阅过即忘，无补实用。并须预备看书日记册，遇有心得，随手摘录，苟有费解或疑问，亦须摘出，请姚师讲解，则获益良多矣。

林则徐又谈起小儿子拱儿（林拱枢）："拱儿才十三岁，还没考中秀才，也没到学种庄稼的年龄，应该督促他读书。他的老师姚先生是侯官名师，教出了很多优秀学生。他批改拱儿的文章，把不通顺的文章改几个字，就成警句，这样的名师全国也没第二个。拱儿有这么好的老师，应该发愤读书，否则就是太不长进了。他前月寄来几篇文章，文理还可以，就是内容枯燥，这是他看书少的缘故，你要督促他多读书。除了让他诵读作文，还要多看史书，每看一种，要从头到尾看完，然后再换一种，不要东看西看，看过就忘，什么也记不住。还要准备笔记本，随时做摘记，有疑问就摘出来，向姚老师求教，一定会有很多收获。"

二

林则徐给次子的这封信写了三方面内容：一是让次子好好读书，照顾好家人；二是让次子除读书外，用更多的时间先去学习种庄稼；三是让次子督促小儿子读书。

林则徐的次子十几岁考中秀才，这在读书人中并不容易，只是科举考试越往上竞争越激烈，若非天才卓异之人，很难考中进士。林则徐没有鞭策儿子往死里读书，一定要考举人，考进士，也没有让儿子利用他的威势在家乡大肆置办产业，而是买了四十亩田，让儿子跟着农夫学种田，将来科举考不中，老老实实做个庄稼人。

这点上，林则徐跟纪晓岚一样。纪晓岚也是发现儿子很难在科举考场上获胜，就在家乡置办了一百亩田，想让儿子们学种田，将来自耕自食，用自己的双手养活自己。

林则徐和纪晓岚都教育儿子，当农夫不是丢人的事，农夫是"四民"之首，是天下最高贵的人。按照传统观念，士、农、工、商，"士"在"农"之前，林则徐和纪晓岚却把"农"放在最前面，是因为，"士"也是要吃饭的，没有"农"种田，"士"哪有饭吃？

"农"是社会稳定之本，"农"不能欺天，偷了懒，耍了奸，粮食立即就减产，不像别的行业可以玩心机，耍手腕。

《红楼梦》中的刘姥姥让女婿狗儿弄点钱，置办点过冬的东西。狗儿说："我又没有收税的亲戚，做官的朋友，有什么法子可想的？"这句话可以反向推断，一个人若是有收税的亲戚，做官的朋友，弄点钱并不难。

若林则徐的儿子利用他的威势发财，儿子借老子的势，比有"收税的朋友，做官的亲戚"的人更容易得多，可是林则徐不许儿子这样做。

林则徐不认为做官就高人一等，也不认为儿子将来一定要当官。

在林则徐的安排中，小儿子长到成年，也要去学种田，现在没让小儿子学种田，是他年龄还小，还没考中秀才。在林则徐心里，儿子考中秀才就算完成基本任务，以后是读书料子就读书，不是读书料子就种田。

林则徐出生在一个贫困的书香之家，他的父亲林宾日是一名私塾先生，教书认真，收入微薄。林则徐兄弟姐妹众多，一日三餐都成问题，他的母亲和姐妹则辛苦做女红补贴家用。林则徐经常先把母亲和姐妹做的女红送到店里寄售，然后才去私塾读书。

艰苦的生活条件磨炼了林则徐的意志，也让他有一颗同情劳动人民的心。在他心里，读书不成就种田，这是自然而然的事情，没什么可羞耻的。

林则徐的父亲林宾日就是个知足常乐之人，林宾日曾经撰写一联勉励儿女：

　　　粗衣淡饭好些茶，这个福老夫享了！
　　　齐家治国平天下，此等事儿曹任之。

粗茶淡饭，对我这个老头子来说就是享福，齐家治国平天下这样的重任，我无能为力，儿子们要努力，争取实现我的心愿。

林则徐继承了父亲的清白家风，他也曾撰写过一联勉励儿女：

　　　子孙若如我，留钱做什么？贤而多财，则损其志。
　　　子孙不如我，留钱做什么？愚而多财，益增其过。

子孙像我一样勤劳踏实，即使不能做官，也能做好农夫，养活自己，我给他们留钱干什么？儿孙聪明而有钱，反而丧失志向。子孙不像我一样勤劳踏实，我给他们留钱做什么？儿孙愚蠢而有钱，会让他们更容易犯错。

三

在林则徐心里，给儿孙留财是愚蠢行为，培养儿子勤苦耐劳的好习惯，才是留给儿孙最好的财产。

林则徐写过一篇治家格言"十不益"：

存心不善，风水无益；不孝父母，奉神无益；

兄弟不和，交友无益；行止不端，读书无益；

心高气傲，博学无益；作事乖张，聪明无益；

不惜元气，服药无益；时运不通，妄求无益；

妄取人财，布施无益；淫恶肆欲，阴骘无益。

一个人心地不善良，不孝敬父母，就是看风水、供神仙也没用，神灵也不会福佑这种人。

跟兄弟闹不和，交再多的朋友也无用，跟兄弟都算计，跟朋友能好到哪去？行为不端正，读再多的书也无用，读书的目的是做好事，品行不端，读书越多做坏事越多。《红楼梦》中的贾雨村虽是个才子，读了一肚子书，可是心术不正，狠毒贪财，官儿做得越大，祸害的人越多。

心骄气傲之人，博学多才也没用，自以为是，总有一天会栽跟头。行为偏执的人，聪明也没用，一意孤行，钻牛角尖，在错误的路上则越走越远。《史记》评价商纣王："知足以距谏，言足以饰非；矜人臣以能，高天下以声，以为皆出己之下。"商纣王的智力让他听不进别人的意见，他的口才让他总为自己的错误找借口掩饰，在臣子面前夸耀他的才能，在天下人面前炫耀他的本领，认为没有谁能比得上他。结果就是，这个"材力过人，手格猛兽"的商纣王被周武王打得落花流水，最终自焚身亡。

有些人不爱惜自己的身体，却热衷于吃补药，这是没用的。时运不济，却妄求太多，比如明明不在风口里，却妄想发大财，投入越多反而被套得越牢。

这边谋取别人的钱财，那边假惺惺做慈善，这不是真善良。放纵自己的欲望，积阴骘也无用。

在林则徐看来，一个人想做个好人很简单，堂堂正正做人就是。不想堂堂正正做人，只想走歪门邪道，费再多心思，到头来也没用。

林则徐在两广总督衙里写过一副对联：

海纳百川，有容乃大。
壁立千仞，无欲则刚。

一个人像大海一样胸怀广阔，才能成就大事业；一个人像伟岸的山峰一样没有欲求，才会成为一个刚正不阿之人。

林则徐在官场上不拉关系，埋头做事，无论赈灾、办案、禁烟、兴修水利，他都竭尽全力，成为朝廷倚重的实干派大臣。即使发配新疆期间，他也没自暴自弃，而是在新疆开垦荒田，兴建坎儿井，推广纱车，踏踏实实做事。

林则徐自己这样做，也教育他的儿子如此为人、行事。他的长子林汝舟在京中为官，他写信嘱咐儿子："且守三戒：一戒傲慢，二戒奢华，三戒浮躁。"

　　林则徐晚年身休状况不好，想退休养老，他的长子和两个女婿都在京城为官，他想到京城养老，可是京城房子太贵，他置办不起，只能回老家，可是老家的房子早被水淹了。与此同时，林氏族人和亲戚认为林则徐当了多年大官，一定很有钱，都想让林则徐周济他们。林则徐一想到回老家被亲戚们围住的情景，心里就发愁。

　　"三年清知府，十万雪花银"，当三年知府，能捞上十万银子，林则徐当了多年总督，人们以为他一定金银满箱，岂不知他连京城里的房子都买不起。

　　"苟利国家生死以，岂因祸福避趋之。"这是林则徐写的自勉联，也是他一生的光辉写照。对国家，对人民，他做到生死以赴，对个人的利益，他却想得很少。

子孙钱少胆也小，些微产业知自保

——醇亲王治家格言

一

醇亲王奕譞是道光皇帝的儿子，咸丰皇帝的弟弟，光绪皇帝的生父，宣统皇帝溥仪的祖父，他的妻子叶赫那拉氏是慈禧太后的妹妹。他的身份之高贵，地位之尊贵，在清代的亲王之中，无出其右。

醇亲王府走出两位皇帝，在清代王府之中，也是独一份。

醇亲王是世袭罔替铁帽子王，领双份亲王俸，可以在紫禁城内乘坐四人轿，死后定称号是"皇帝本生考"（皇帝亲生父亲之意），可以说生前深受慈禧太后信任，死后备极哀荣。

这位尊贵至极、荣华至极的亲王，给儿孙留下的治家格言却特别通俗简单，像儿歌一样朗朗上口。

财也大，产也大，后来儿孙祸也大。借问此理是若何？子孙钱多胆也大，天样大事都不怕，不丧身家不肯罢。财也小，产也小，后来子孙祸也小。借问此理是若何？子孙钱少胆也小，些微产业自知保，俭使俭用也过了。

在醇亲王心里，财产多了没有好处，留给儿孙的财产越多，儿孙们的祸患越大。这是为什么呢？儿孙们钱多了，胆子就大，天大的事情也不怕，直到把家产挥霍光了才罢休。

留给儿孙的财产越少，他们的祸患越少，这是为什么呢？留给儿孙们的钱少，他们的胆子也小，不敢胡乱挥霍，努力保住仅有的一些产业，省吃俭用，一辈子也够花的。

醇亲王怎么会给儿孙留下这样的治家格言？是不是他为了给自己塑造一个光辉形象，故意这样说的？

这应该不会，治家格言是给儿孙们看，让儿孙们遵照执行，说的都是真心话，没有用假话糊弄儿孙的。醇亲王生前没有公开这个治家格言，是他去世百年后，他的孙子溥任回忆醇亲王府旧事，才把祖父的治家格言公布于世。

从性格上来说，醇亲王奕譞不是个矫言伪行之人，他虽然处在权力和荣誉的巅峰，但是头脑清醒，从不张扬跋扈，总是保持着谦虚低调的姿态。他给王府起的堂号是"退省斋"，他的自号是"退潜居士"，他在书房的镇尺上题字"闲可养心，退思补过"。

溥任回忆，他家正堂的条案上，摆着一个黄铜欹器。欹器是古代的汲水陶罐，它的底是尖的，空置时会倾斜，把酒或水倒进去，倒进一半，就能放正，倒满了，又会歪倒。正所谓"虚则欹，中则正，满则覆"。

孔子跟他的弟子感叹："恶有满而不覆者哉？"孔子的意思是说，一个人像一件欹器一样，骄傲自满，就离倾覆不远了。

奕譞的种种表现证明，他对骄傲自满心怀恐惧，他是真的不希望儿孙站到荣华富贵的顶峰上，山顶上风大，没有足够的定力，会被吹下来，甚至万劫不复。

他希望儿孙像小富之家那样，守着些微产业，节俭度日，自奉有余，就是幸福人生。

二

奕譞有这样的想法不足为奇，他身在权力顶层，听过、见过太多"满则覆"的事例。

远的朝代不说，只说离他比较近的明清两代，就有多少呼风唤雨、贪得无厌的权贵在巅峰时期跌落下来。

严嵩在嘉靖皇帝时担任内阁首辅，他欺上瞒下，排挤异己，还纵容儿子严世蕃作恶。严氏父子"政以贿成，官以赂受"，即他们提拔官员，不看能力大小，口碑好坏，只看金钱有没有到位。很多官员为了升迁，变着法子把金银财宝往严府送，正可谓"天下奇珍异宝，尽入其家"。

严世蕃看着府上堆积如山的金银财宝得意地说："朝廷不如我富。"他听着歌舞，看着满眼的美女歌伎，扬扬自得地说："朝廷不如我乐。"

严氏父子的行为激起民愤，终被扳倒。其贪腐来的财产全部被查抄，严世蕃被处斩，八十多岁的严嵩回到家乡，寄食墓舍，在饥寒交迫中死去，死后一个吊唁他的人都没有。

万历年间的内阁首辅张居正，推行万历新政，为明王朝的稳定作出了很大贡献，他刚刚去世，尸骨未寒，万历皇帝就抄了他的家。这固然是万历皇帝早就看不惯张居正，也与张居正性格独断、生活奢靡引起人们不满有关。

万历皇帝的第三子福王朱常洵是他最宠爱的郑贵妃所生，万历皇帝爱屋及乌，给朱常洵超常待遇。朱常洵成婚花费三十万两白银，修洛阳府第花费二十八万两。万历皇帝派"矿使"到全国各地搜刮来的千万财富，有很大一部分用于资助福王。

万历皇帝还赐给福王田庄四万顷，在多方压力之下，才改为两万顷，整个河南凑不出这么多地，只好从山东、湖广集凑。朱常洵还不满足，让皇帝把没收的张居正的家产、江都至太平沿荻州杂税、四川盐井榷茶银都给他使用。

明朝末年，包括洛阳在内的河南地区旱灾、蝗灾不断，灾民流离失所，出现人吃人的惨剧。福王富可敌国，王府金银百万，当地官员多次劝福王拿出钱财救灾，他都充耳不闻。

最后李自成农民军攻破洛阳，杀入福王府，朱常洵被杀死，府中财富全被抢走，王府也被烧为灰烬。

清朝乾隆年间的和珅也是个贪得无厌的人物。和珅早年父母双亡，他和弟弟跟着一位老仆生活，到处借贷求人，过了一段很艰难的日子，穷怕了的和珅对金钱特别贪婪。他凭借聪明机敏获得乾隆皇帝赏识，步步高升，成为乾隆晚年最有权势的大臣。他的儿子还娶了乾隆皇帝最宠爱的小女儿固伦和孝公主为妻，他成为乾隆皇帝的儿女亲家。

和珅有皇帝做靠山，心里更有底气，大肆贪腐受贿。乾隆皇帝去世以后，和珅的靠山倒了，和珅被捕入狱，被嘉庆帝赐自缢而死。他贪污受贿霸占的亿万财产全部被嘉庆皇帝抄走，民间有"和珅跌倒，嘉庆吃饱"之说。

电视剧中的和珅一边收别人的银票，一边打自己拿着银票的手，嘴里恨恨地说："我怎么就管不住这只手呢！"和珅管不住的不是他拿着银票的手，而是他那颗贪婪的心。

雍正皇帝宠信年羹尧，甜言蜜语地跟年羹尧说："从来君臣之遇合，私意相得者有之，但未必得如我二人之人耳。尔之庆幸，固不必言矣，朕之欣喜，亦莫可比伦。总之，我二人做个千古君臣知遇榜样，令天下后世钦慕流涎就是矣。"

年羹尧仗着雍正的宠信张扬跋扈，在钱财上也很贪婪，最终雍正皇帝翻脸无情，剥夺了他的官职，赐他自尽，他的长子也被处死。

三

这些人，个个权倾朝野，富贵泼天，转眼权力又被收回，富贵烟消云散，真是"眼看他起高楼，眼看他楼塌了"。

有这些人的教训在，奕谟的身份越尊崇，他心里越害怕，他的儿子载湉被选为嗣皇帝以后，他心中的恐惧达到极点。他要求辞去官职，回府养病，两宫皇太后拗不过他，只好同意了他的部分请求。

奕譞身兼咸丰皇帝的弟弟和慈禧太后的妹夫双重身份，是慈禧最信任的人之一，他深知，如果慈禧发现他恋权或是越界，对他的信任就会转为猜忌。为了不引起慈禧猜忌，他一面认真完成慈禧安排的工作，一面尽量与权力保持距离。

高处不胜寒，奕譞身在高处，如履薄冰，他心里的苦和担忧，是别人所看不见的。奕譞有七个儿子，活到成年的有四个，载湉被抱进宫里当皇帝，载洵过继给瑞敏郡王奕誌为嗣，载涛先是过继给贝子奕谟为嗣，后又过继给钟郡王奕诒为嗣。除了第五子载沣继承爵位，奕譞的儿子都成了别人的儿子。

奕譞与载湉由父子变成君臣，对他来说是亲情的丧失。奕譞的二侧福晋刘佳氏比奕譞更痛苦，慈禧不仅把她的两个儿子过继给了别人，还把她三岁的孙子溥仪抱走，成为光绪皇帝的嗣子。刘佳氏的痛苦无处说，变得精神恍惚，一听宫里派人来宣旨，就惊得犯病。

刘佳氏的儿媳瓜尔佳氏是慈禧宠信的大臣荣禄之女，出身高贵，不像刘佳氏出身卑微，被人瞧不起。清帝逊位以后，溥仪与端康太妃发生矛盾，端康太妃便把溥仪的祖母和生母传进宫里罚跪，瓜尔佳氏受不了这样的侮辱，回府后则服毒自尽。

醇亲王府的荣耀背后是血泪斑斑，虽然孙子溥仪被抱进宫和瓜尔佳氏自杀这两件事发生时，奕譞已经去世，但他生前的所见所闻，已经让他心累。

新中国成立以后，溥仪和他的弟弟妹妹们都参加了工作，用自己的双手养活自己。溥仪的十个弟弟妹妹，除了二弟早夭，大妹因阑尾炎耽误治疗，较早去世，其他弟弟妹妹大都长寿，他的弟弟溥杰活到八十七岁，小弟溥任活到九十七岁，七个妹妹，六个活到九十岁、八十多岁或者接近八十岁。当了皇帝的溥仪却仅活到六十一岁，一生无儿无女。

溥仪弟弟妹妹们的高寿跟医疗水平的提高有关，但更重要的是，他们不再享受王府的荣耀，也不用背着醇亲王府的包袱，他们的人生更轻松，更充实。

他们真正实现了他们祖父的愿望——"财也小，产也小，后来子孙祸也小。"

醇亲王若是知道他的儿孙都在努力工作，踏实生活，高寿而亡，再想想他从小被抱进宫里当皇帝的儿子载湉，仅活到三十来岁，无儿无女，被软禁多年，生活自由都没有，他会对他的孙子孙女们后来的生活状况很满意吧。

九

明志

非淡泊无以明志，非宁静无以致远

——诸葛亮《诫子书》

一

建兴十二年（234），诸葛亮为了完成刘备兴复汉室的遗愿，又一次领兵北伐。他带领蜀汉军队出斜谷道，屯田于渭滨，想跟魏国长期对峙。

刘备去世后，继位的后主刘禅还是一位少年，蜀汉的军政大事系于丞相诸葛亮一人之身。由于长期高负荷工作，诸葛亮积劳成疾，身体健康每况愈下。他带病处理军政事务，每天只睡很少的觉，吃很少的饭。与其敌对的司马懿都从蜀汉使者的话中听出来诸葛亮的身体状况很不好，怕是将不久于人世。

诸葛亮最后一次北伐时，他的儿子诸葛瞻虽还不到八岁，但已经开始懂事，对他的教育已刻不容缓，可是诸葛亮在前线带兵屯田，没有时间参与儿子的教育。

怎样在缺席的情况下教育儿子呢？诸葛亮只能在处理公务之余，抽一点时间，给远在成都的儿子写了封信，教育儿子怎样做人，怎样读书。这就是诸葛亮的《诫子书》。

《诫子书》的内容如下：

> 夫君子之行，静以修身，俭以养德。非淡泊无以明志，非宁静无以致远。夫学须静也，才须学也，非学无以广才，非志无以成学。淫慢则不能励精，险躁则不能治性。年与时驰，意与日去，遂成枯落，多不接世，悲守穷庐，将复何及！

诸葛亮告诫儿子：

那些有道德修养的人，以内心的安静来修养身心，用俭朴的生活来培养高尚品德。只有生活淡泊才能让自己明确志向，只有内心宁静才能让自己树立远大目标。学习必须内心平静，而才干必须通过学习才能取得。不学习就无法增长才干，不明确志向就无法在学习上取得成就。放纵怠慢就不能磨砺心志，冒险急躁就不能陶冶性情。年华随着时光飞驰，意志一天天消沉，于是枯萎败落，于世无益，只能悲伤地守在破房子里，悔恨也来不及。

诸葛亮写这封信时，诸葛瞻还不到八岁，他的理解力还很有限，对诸葛亮写的这些话还理解不了。诸葛亮也明白这点，只是，上天留给他的时间不多，他没有时间等待儿子长大，把这些道理讲给他听。他现在就要把他对儿子的期望说出来，他相信家人会把这封信的内容讲给儿子听，即使儿子不能完全听懂，只是隐隐约约了解大意，那也没关系，儿子会长大，他长大了，就会明白这封书信的内容，也会明白父亲的一片苦心。

《诫子书》与其说是诸葛亮写给当时的儿子的一封信，不如说是诸葛亮隔着时空写给未来长大后的儿子的一封信，其既是遗书，也是遗训。

二

诸葛亮与刘备一样，都是四十多岁才生下儿子。他们的儿子出生时，父辈大业已初成，他们出生就是小少爷，被一群奴仆和父亲的部下围绕着、爱护着。他们的成长环境比父辈温馨，但是他们没有经过风雨的吹打，没有经过风浪的洗磨，他们的心思比其父亲单纯幼稚，他们没有其父亲那样改变命运的强烈动力。

他们身边有很多马屁精吹捧他们，奉承他们，让他们傲慢自得、飞扬浮躁，学习上浅尝辄止，不肯下苦功夫。缺少动力和自制力的他们，很容易被别人引诱走上邪路。

诸葛亮与刘备有着相同的担心，都担心儿子不潜心读书，将来不能好好做人，他俩给儿子的训诫——《诫子书》和《敕刘禅遗诏》都是在讲两个问题——做人和读书。

日本服装设计师山本耀司说："'自己'这个东西是看不见的，撞上一些别的什么，反弹回来，才会了解'自己'。"这句话听上去很费解，实际与唐太宗李世民所说的"以人为鉴，可以明得失"意思差不多。都说我们生来不知自己是个怎样的人，有什么本领，也不知道自己应该过怎样的生活，走怎样的路，我们只有在与别人的对比中不断发现自己，纠正自己，才会不偏离正确的人生航线。

可是像刘禅、诸葛瞻这样的孩子生来地位尊贵，整个蜀国找不到与他俩身份、地位相似的同龄人做参照物，这本来就给纠偏带来不便。更何况，他俩的身份、地位还使得人们不敢冒犯他们的尊严，宁可讨好他俩、奉承他俩，也不愿冒着风险规劝。这是刘备和诸葛亮都很忧心的问题。

"玉不琢，不成器"，刘禅和诸葛瞻都不是两块质地很好的玉，因此雕琢对他俩来说特别重要。我们经常把读书比作"十年寒窗"，读书是很苦很累的事情，在读书与玩乐之间，人的本能是选择玩乐。玩乐让人轻松愉快，身心俱爽，读书却让人头脑昏沉，身心俱疲。某种程度上来说，勤奋苦读与追求舒适的人性是反着的。

克制住天性中自带的懒惰因子发愤读书，需要一个人高度自律。不论是年少的刘禅还是年幼的诸葛瞻，想克制天性都需要很大的毅力。

诸葛瞻出生时，诸葛亮是蜀汉丞相，一人之下，万人之上，蜀汉皇帝刘禅都对诸葛亮礼让三分。蜀汉的命脉捏在诸葛亮手里，诸葛亮权力之大，完全可以废掉刘禅，另立新君。只是因为诸葛亮没有司马懿那样的野心，没有把刘姓蜀汉变成诸葛氏蜀汉。

父辈权势滔天对孩子来说是把双刃剑，既可以给其提供最好的学习条件，也会让其忘乎所以，耽于享乐，不注重品德修养，也不好好读书，耽误了青春，浪费了年华，最终碌碌无为，一事无成。

诸葛亮的《诫子书》和刘备的《敕刘禅遗诏》内容侧重不同，但是嘱咐的话题非常相似，这不是诸葛亮刻意模仿刘备，而是诸葛亮训诫儿子时，他的年龄、地位和处境与刘备非常相似。

对未成年人来说，做人与读书，就是人生两大主题，抓住这两个主题砥砺前行，人生之路就不会有大偏差。

三

诸葛亮在给儿子写完信后不久就病重了，在一个秋风萧瑟的日子病逝于五丈原。

八岁的诸葛瞻送父亲出征以后，没能见到父亲归来。他身披孝衣，在家人陪同下离开成都，到汉中的定军山为父亲诸葛亮送葬。

诸葛亮虽然位极人臣，但他没有给家人留下太多财产。他死后的遗产仅有"桑八百株，薄田十五顷"，诸葛亮认为，这些桑树的桑叶养的蚕和这些土地上打的粮食足够一家人吃穿，皇上没有必要再赐给他的家人财产。

诸葛亮让儿子"静以修身，俭以养德"，而他自己也是这样做的。以诸葛亮在蜀汉的权势和地位，给儿子多留点财产不难，但他没有利用手中的权势为自己谋私利。

诸葛亮出生于官宦名门，幼年丧父，跟着叔父生活，生活很不富裕。年轻时的诸葛亮在南阳"躬耕垄亩"，对名利不热衷，眼看着天下英雄群起逐鹿，他一直在默默地观察天下局势。这份安静的心态让他对自己、对他人、对天下局势有着清醒的理解和深刻的见解。

诸葛亮跟儿子说"非淡泊无以明志，非宁静无以致远"，这是他个人经验的总结。如果诸葛亮热衷于名利，就不会在南阳稳坐，早就急不可待地投于某个军阀，反而失去遇到刘备这个伯乐的机会。

诸葛亮年轻时很自负，"自比管乐"，熟悉他的朋友不认为他说大话，而是认为诸葛亮确实有管仲、乐毅之才。诸葛亮敢"自比管乐"，不仅是因为他智慧超群，从小跟着叔父颠沛流离，见过世面，还因为其虽然生逢乱世，却读了很多书。这点诸葛亮跟刘备不一样。

刘备跟他的祖先刘邦一样"不甚乐读书"，他临终时给儿子开列的书单，应该是诸葛亮经常跟他谈起的，他读了以后发现这些书确实对当皇帝大有帮助，于是留遗诏让儿子刘禅也多读这些书。

读书让诸葛亮开阔了眼界，养成了深层次多角度思维方式，也让他对自己的人生有更深刻的认识，更明确的志向，所以他说"非学无以广才，非志无以成学"。

八岁的诸葛瞻还读不明白父亲的信，但是没关系，他可以留着父亲的信慢慢读。每次读起父亲的信，他的脑海中就浮起父亲诸葛亮那高大伟岸的身躯，想起父亲诸葛亮为蜀汉殚精竭虑，死而后已，他的心中就充满力量。

诸葛瞻没有父亲诸葛亮的过人才华，无论在政治上还是在军事上资质都比较平庸，但是他继承了父亲对蜀汉的忠诚。景耀六年（263），魏将邓艾攻陷绵竹，诸葛瞻与他的儿子诸葛尚一起为保卫蜀汉战死。

诸葛瞻没有辜负父亲诸葛亮对他的期望，他没有让父亲的一世英名蒙污。

使世世有善士，过于富贵多矣

——陆游《放翁家训》

一

宋宁宗嘉定三年（1210），八十六岁的陆游病逝于家乡山阴，临终前，他仍念念不忘北定中原，恢复故土。他跟儿子们说：

> 死去元知万事空，但悲不见九州同。
> 王师北定中原日，家祭无忘告乃翁。

陆游一生主张抗金，却屡受排挤，壮志难酬。他在生命的最后几年，意识到他的梦想难以实现，于是把目光转向家庭，考虑了一个比较现实的问题——怎样让他的儿孙继承先祖遗风以及他的后事安排。故陆游开始考虑给儿孙们写篇家训。

陆游曾经写过一篇家训，那篇家训写得比较简单。这几十年来，家中又添了很多儿孙，陆游又有了很多感悟，他想重写一篇家训，告诉儿孙们怎么做人。只要儿孙能继承先祖的清白门风，他虽然在国事上有遗憾，在家事上就没有太大遗憾了。

陆游八十岁时提起笔，开始重写家训。他跟儿孙们说：

> 吾家在唐为辅相者六人，廉直忠孝，世载令闻。念后世不可事伪国、苟富贵，以辱先人，始弃官不仕，东徙渡江，夷于编氓。孝悌行于家，忠信著于乡，家法凛然，久而弗改。宋兴，海内一统。祥符中，天子东封泰山，于是陆氏乃与时俱兴。百余年间文儒继出，有公有卿，子孙宦学相承，复为宋世家，亦可谓盛矣。然游于此切有惧焉，天下之事，常成于困约，而败于奢靡。游童子时，先君谆谆为言。太傅出入朝廷四十余年，终身未尝为越产，家人有少变其旧者，辄不怿。其夫人棺材漆四会，婚姻不求大家显人。晚归鲁墟，旧庐一椽不加也。楚公少时尤苦贫，革带敝，以绳续绝处。秦国夫人尝作新襦，积钱累月乃能就。一日，覆羹污之，至泣涕不食。太尉与边夫人方寓宦舟，见妇至，喜甚，辄置酒银器，色黑如铁，果醢数种，酒三行而已。姑嫁石氏，归宁，食有笼饼，亟起辞谢曰："昏耄，不省是谁生日也。"左右或匿笑。楚公叹曰："吾家故时数日乃啜羹，岁时或生日乃食笼饼，若曹岂知耶？"是时楚公见贵显，顾以啜羹食饼为泰，愀然叹息如此。

陆游家是江南名门，吴郡陆氏在唐代出过六位宰相，宋代以科举取士，吴郡陆氏有多人考中进士，在朝中为官，仍是世家名门。

陆家一向以家风清白而闻名。陆游的高祖父陆轸在大中祥符年间考中进士，他为官四十余年，家中从来没有超出日常之外的财物，晚年辞官回乡，老家的房子没有增添一间。

陆游的祖父陆佃早年生活贫困，系腰的皮带断了，就用绳子连接起来。陆佃在熙宁年间考中进士，做了官，生活仍旧俭朴，据说他的妻子攒了几个月的钱置办了一套新衣服，有一天不小心打翻汤碗，羹汤弄脏了衣服，他的妻子心疼得哭了起来。

陆游有个姑姑嫁给姓石的人家，有一天回娘家，看到桌上有笼饼，连忙说："我糊涂了，也不知是谁的生日。"原来，陆游的祖父家以粥为食，只有过年或过生日时，才吃笼饼，他的姑姑回娘家看到有笼饼，以为是谁过生日。陆游的祖父官至副宰相，家中的生活仍旧如此朴素。

陆游说："仕而至公卿，命也；退而为农，亦命也。若夫挠节以求贵，市道以营利，吾家之所深耻。子孙戒之。"

陆游希望儿孙们以先祖为荣，向先祖学习。陆家的人，不论是在朝中当官，还是在乡间务农，都是顺从天命，不丢人，若是有人出卖节操求富贵，出卖道德获利益，那才是丢人。

二

陆游出生于宋徽宗宣和七年（1125），他两岁时，北宋灭亡，他经常听人们讲北宋灭亡的情景，心中非常愤慨，一边读经书，一边读兵书、练剑，想将来为国出力。

陆游二十多岁到都城参加考试，正遇上秦桧当权，秦桧对才华横溢又整天谈论收复旧土的陆游很反感，便把陆游从榜上刷了下来。秦桧死后，陆游才有机会出来为官，但他收复旧土的愿望始终没能实现。

宋光宗绍熙三年（1192），陆游罢官居家，他已经六十八岁，仍在一个疾风暴雨的夜晚吟诗：

> 僵卧孤村不自哀，尚思为国戍轮台。
> 夜阑卧听风吹雨，铁马冰河入梦来。

晚年的陆游不希望他的儿孙出来做官，他认为社会风气不好，人们习惯了偏安江南的生活，没有进取之心，官场上的倾轧越来越严重，正直官员经常无辜受牵连。

陆游认为，他的儿孙去务农，这是最好的；闭门读书，不考科举，不做官，也可以；当个小官儿，不求荣华富贵，也还行。

> 吾家本农也，复能为农，策之上也；杜门穷经，不应举，不求仕，策之中也；安于小官，不慕荣达，策之下也。舍此三者，则无策矣。

陆游认为，一个人到了官场上，就身不由己，有些祸患无法避免，为了避祸去奉迎上司，不仅丢官，还丢人，为了避免杀身之祸而失节，命保不住，名声也保不住。如果没有勇气慷慨赴难，最好的办法是安心务农，远离祸患。

> 祸有不可避者，避之得祸弥甚。既不能隐而仕，小则谴斥，大则死，自是其分。若苟逃谴斥而奉承上官，则奉承之祸不止失官；苟逃死而丧失臣节，则失节之祸不止丧身。人自有懦而不能蹈祸难者，固不可强，惟当躬耕绝仕进，则去祸自远。

陆游不希望儿孙做官，但还是希望儿孙读书，哪怕天分有限，也是要读书，贫穷之时，当个私塾先生也能糊口。

> 子孙才分有限，无如之何，然不可不使读书。贫则教训童稚，以给衣食，但书种不绝足矣。

陆游认为官宦之家的子弟不一定世代当官，"仕宦不可常，不仕则农，亦无憾矣"。但他也不希望儿孙将来为了生活去做"市井小人"之事。

陆游还说，如果家中有特别聪明的孩子，一定要更加注意，日常要约束他读书，不要让他与浮薄之人混在一起，培养上十来年，孩子的志趣养成，人也长大，就可以放心了。不然，聪明孩子学坏，麻烦会更大。

后生才锐者最易坏，若有之，父兄当以为忧，不
可以为喜也。切须常加检束，令熟读经子，训以宽厚
恭谨，勿令与浮薄者游处。如此十许年，志趣自成。
不然，其可虑之事，盖非一端。

陆游告诫儿孙不要贪婪："人们都是羡慕自己没有的，不珍
惜自己已有的，想想这个东西我有了，对我来说有何用？只是
让别人羡慕我，别无好处。这样一想，贪念就没有了。"

大抵人情慕其所无，厌其所有，但念此物若我有
之，竟亦何用？使人歆艳，于我何补？如是思之，贪
求自息。

他让儿孙少杀生，不要为了穷口腹之欲杀害生灵，也不要
打官司，打官司要花钱疏通关系，就算不用花钱，也可能遇到
昏官，跟邻里有矛盾要调解而不要告官。

对于陆游的同辈人士，不论地位高低，交情深浅，他希望
儿孙都要尊重他们，即使儿子做了高官，见到他们也要谦卑。

人士有吾辈行同者，虽位有贵贱，交有厚薄，汝
辈见之，当极恭逊。已虽高官，亦当力请居其下。

陆游回顾自己一生，觉得自己从不害人，伤害过他的人，

也让儿孙原谅他们，不要结怨，有些人品质不好，远离他们就是了。如果有人指出是他的过失，更不能耿耿于怀。离达官贵人远点，会避免很多伤害。

> 吾平生未尝害人。人之害吾者，或出忌嫉，或偶不相知，或以为利，其情多可谅，不必以为怨，谨避之可也。若中吾过者，尤当置之。汝辈但能寡过，勿露所长，勿与贵达亲厚，则人之害己者自少。

陆游跟儿孙们说，他家的日子本来过得不错，他从祖上继承了一些家业，也算中等人家，他做官也有俸禄，只是他的俸禄很快就花完了，现在是清寒之家，他并不当回事，他希望儿孙们也不要把别人的议论放在心里。

人们都说行善祈福，陆游不当回事，他认为一个人行善本来就是应该的，用行善的方式换福报，他认为是耻辱，如果没有祸福报应，难道一个人就不行善了？

陆游年轻时就见过很多名人，有些他很欣赏的人，只是匆匆见了一面，没机会长谈。现在他老了，闭门不出，也与他们再没有重逢的机会。世间万事万物，他都放下了，只是这个遗憾，他放不下。

三

陆游家训中有不少内容是安排他的后事。南宋时期，很多达官贵人的葬礼浮华夸张、铺张浪费，陆游不喜欢这种风气。他让儿孙给他简办葬事，请一两个僧人念几卷经即可。墓志铭他自己写了草稿，以免别人胡乱吹捧他。棺材不用买贵的，香亭、魂亭、寓人、寓马及石人、石虎也不用弄，在他的墓前立上一两根石柱，种上几十棵树，不让别人说儿孙不孝就行了。他还让家人在葬礼上不要太悲伤，该吃吃，该喝喝。

陆游从年轻时就享有盛誉，想要积财并不难，只是他不看重钱财，现在八十岁了，还没有买棺材的钱，他心里有点惭愧，除此之外，他别无在意的。陆游晚年时，辛弃疾来拜访他，见他生活贫困，想帮他置办些家产，被他拒绝。

陆游是一个关心孩子成长的慈父，他不仅给儿孙写了家训，还写了很多教子诗。他在一个冬夜给他的小儿子陆子聿写诗，告诉他读书要与实践相结合：

古人学问无遗力，少壮工夫老始成。
纸上得来终觉浅，绝知此事要躬行。

在另一首诗里，陆游写道：

近村远村鸡续鸣，大星已高天未明。
床头瓦檠灯煜爚，老夫冻坐书纵横。
……

　　陆游的次子陆子龙到吉州任地方官，他写了一首长诗给儿子送行，嘱咐儿子做个清官：

　　　　汝为吉州吏，但饮吉州水。
　　　　一钱亦分明，谁能肆馋毁？

　　陆游最关心的还是儿孙们能不能继承陆家的家风，他在《示子孙》一诗中写道：

　　　　为贫出仕退为农，二百年来世世同。
　　　　富贵苟求终近祸，汝曹切勿坠家风。

　　我们陆家两百年来不以贫寒为耻，做官就做清官，不做官就回家务农，你们不要为了追求荣华富贵，败坏我们陆家的家风。就像他在家训里说"使世世有善士，过于富贵多矣"。
　　陆游的后代像陆游一样有气节。南宋末年，陆游的玄孙陆天琪在崖山之战中投海自尽，他的曾孙陆传义绝食而死，他的孙子陆元廷忧愤而死。
　　他们对得住陆游的教诲，没有辜负陆游对子孙后代的期望。

读书做人，先要立志

——左宗棠教子书

一

曾国藩、李鸿章、左宗棠、张之洞被称为"晚清中兴四大名臣"，人们评价曾、左、李三人："曾国藩做人，左宗棠做事，李鸿章做官。"这个说法有点偏颇，但也比较概括地总结出他们三人的不同特点。

左宗棠出生于湖南湘阴一个世代耕读之家，他年轻时就有大志，《清史稿》说他"尝以诸葛亮自比"。左宗棠聪颖过人，喜欢钻研经世致用之学，这导致他在会试中三次落败。鸦片战争以后，中国的大门被西方列强打开，清政府内忧外患，这更坚定了左宗棠研究经世致用之学的决心，他于历史、地理、农学、兵法、水利、金融等书无所不读。

左宗棠在他的书斋题写了一副表达他的志向的对联：

身无半亩，心忧天下。

读破万卷，神交古人。

左宗棠还写过一副勉励自己的对联：

发上等愿，结中等缘，享下等福。
择高处立，就平处坐，向宽处行。

左宗棠大器晚成，四十一岁时才以幕僚的身份出山，此后三十多年，他殚精竭虑，不畏辛劳，平定太平天国，发展洋务，收复新疆，成为晚清一代名臣。

左宗棠的夫人周诒端是一位才女，诗词歌赋，无所不通。她与左宗棠成婚后，两人诗词唱和，甘苦与共，无论左宗棠落魄还是显达，她从不埋怨、骄矜，是左宗棠的红颜知己和贤内助，胡林翼称她为"闺中圣人"。

左宗棠一生对妻子怀着深沉的爱，他在外地时，经常给妻子写信，诉说他的心事。道光十九年（1839），他给妻子写信，检讨自己道德修养还不够："蔗农师尝戒吾'气质粗驳，失之矜傲'。近来熟玩宋儒书，颇思力为克治，然而习染既深，消融不易。即或稍有察觉，而随觉随忘，依然乖戾。此吾病根之最大者，夫人知之深矣。"

在会试落第之后，他又给妻子写信："此次买的农书最多，颇足供探讨。他日归时，与吾夫人闭门伏读，实地考察，著为一书，以诏农圃。虽长为乡人以没世，亦足乐也。"

左宗棠沉迷于经世致用之学，导致会试落榜，周夫人不但不指责他，还与他一起阅读经世致用之书。左宗棠看方志时，她帮左宗棠画地图、抄资料。左宗棠出山以后，筹划军政事务井井有条，与周夫人对他的支持有莫大关系。

周夫人身体不好，长年患病，医药不绝。左宗棠一生生活俭朴，唯有给妻子治病，他从不吝啬，经常托人捎名贵药材给妻子，有时还特意捎一笔钱给妻子留作看病专项费用。

有一年，周夫人患重病，长子左孝威却进京赶考，左宗棠勃然大怒，写信指责儿子不孝，把功名看得比母亲的病更重要。

周夫人去世时，左宗棠在西北军务繁重，没能回家送妻子最后一程，他含泪给妻子写墓志铭，多次写信询问妻子的丧事安排，还让儿子在妻子的墓穴旁边给他留一穴，将来他要与妻子合葬。

二

左宗棠婚后十多年，儿子才陆续出生。他忙于军政大事，与家人见面的机会很少，只能通过书信教诲儿子。

咸丰二年（1852），他的长子左孝威刚刚到学堂读书，他就给儿子写了一封家书：

　　字谕霖儿（左孝威小名）知之：
　　　　观尔所写请安帖子，字画尚好，心中欢喜。
　　　　尔近来读《小学》否？《小学》一书是圣贤教人

作人的样子。尔读一句，须要晓得一句的解；晓得解，就要照样做。古人说事父母，事君上，事兄长，待昆弟、朋友、夫妇之道，以及洒扫应对、进退、吃饭、穿衣，均有见成的好榜样。口里读着者一句心里就想着者一句，又看自己能照者样做否。能如古人就是好人；不能就不好，就要改，方是会读书。将来可成就一个好子弟，我心里就欢喜，者就是尔能听我教，就是尔的孝。早眠，早起。读书要眼到（一笔一画莫看错）、口到（一字莫含糊）、心到（一字莫放过），写字要端身正坐，要悬大腕，大指节要凸起，五指爪均要用劲，要爱惜笔墨纸、温书要多遍数想解，读生书要细心听解。走路、吃饭、穿衣、说话，均要学好样，也有古人的样子，也有今人的样子，拣好的就学。此纸可粘学堂墙壁，日看一遍。

左宗棠先是夸奖儿子，然后给儿子讲读书做人的道理。他贴心地给儿子注释怎样才是读书"三到"，教儿子怎样坐，写字时怎样悬腕，让儿子养成良好的学习习惯和生活习惯。

咸丰十年（1860），孝威十五岁，孝宽十四岁，到了懂事的年龄，左宗棠也提高了对他俩的要求，家书的口气也严厉起来。

读书做人，先要立志。想古来圣贤豪杰是我者般年纪时，是何气象？是何学问？是何才干？我现在那一件可以比他？想父母命我读书，延师训课，是何志愿？是何意思？我那一件可以对父母？看同时一辈人，父母常背后夸赞者，是何好样？斥詈者，是何坏样？好样要学，坏样断不可学。心中要想个明白，立定主意，念念要学好，事事要学好，自己坏样一概猛省猛改，断不许少有回护，不可因循苟且。务期与古时圣贤豪杰少小时一般，方可慰父母之心，免被他人耻笑。志患不立，尤患不坚。偶然听一段好话，听一件好事，亦知歆动美慕，当时亦说我要与他一样。不过几日几时，此念就不知如何销歇去了。此是尔志不坚，还由不能立志之故。如果一心向上，有何事业不能做成？陶桓公有云："大禹惜寸阴，吾辈当惜分阴。"古人用心之勤如此。韩文公云："业精于勤而荒于嬉。"凡事皆然，不仅读书，而读书更要勤苦，何也？百工技艺、医学、农学均是一件事，道理尚易通晓；至吾儒读书，天地民物莫非己任，宇宙古今事理均须融澈于心，然后施为有本。人生读书之日最是难得，尔等有成与否，就在此数年上见分晓。若仍如从前悠忽过日，再数年依然故我，还能冒读书名色充读书人否？思之！思之！

左宗棠的长子和次子读书很不错，只是与左宗棠当年的刻苦努力相比，还有一段距离，左宗棠对他俩的表现很不满意。

他批评长子"气质轻浮，心思不能沉下，年逾成童而童心未化，视听言动无非一中轻扬浮躁之气"；批评次子"气质昏惰，外蠢内傲，又贪嬉戏，毫无一点好处。开卷便昏昏欲睡，全不提醒振作，一至偷闲玩耍，便觉分外精神"。

左宗棠认为两个儿子读书不用心，是因为他俩没有"立志"。一个人"立志"，就有了内在驱动力，不用别人督促，自己也会努力。一个人不"立志"，就会把读书看作父母师长给自己定的任务，应付了事。

左宗棠苦口婆心教导儿子怎样立志，为什么要立志，让儿子多向古代的英雄豪杰学习，不要荒废光阴。

左宗棠几乎每年写的家书都要求儿子好好读书："尔在家须用心读书，断不可如从前悠忽""大一岁须立一岁志气，长一岁学问""每日读书习字，仍立功课，不可旷废间断"。

三

左宗棠让儿子立志读书，不是为了让儿子追求功名利禄，而是让儿子明理。他多次在家书中说，他不看重科举名次，只要儿子品行端正，有真才实学，不考科举也没关系，若没有真才实学，糊弄个功名，他也不高兴。

咸丰十一年（1861），左宗棠给儿子的信中说：

> 读书最为要紧，所贵读书者，为能明白事理，学作圣贤，不在科名一路也；如果是品端学优之君子，

即不得科第亦自尊贵，若徒然写一笔时派字，作几句工致诗，摹几篇时下八股文，骗一个秀才举人进士翰林，究竟是什么人物？

后来他给儿子的信中反复说："至科名一道，我生平不以为重，亦不以此望尔等""我亦不以一第望尔""能苦心力学，作一明白秀才，无坠门风，亦是幸事。如是不然，即少年登科，有何好处""至科第一事无足重轻，名之立与不立，人之传与不传，并不在此""吾一生于仕宦一事最无系恋慕爱之意，亦不以仕宦望子弟"。

他给侄子的信中也说"读书非淡科名计"。他还引用冯钝吟的话说："'子弟得一文人，不如得一长者；得一贵仕，不如得一良农。'文人得一时之浮名，长者培数世之元气；贵仕不及三世，良农可及百年。"

左宗棠性格刚韧，很多人忌妒他，攻击他，但是没有人拿贪污一事参劾他。他掌管西北军务，军费高达六千万两，他分文未取，他的俸禄和养廉银每年两万多两，大都救济手下将士或赈济灾民，每年只寄二百两银子养家。

左宗棠有妻妾子女十人，妻子寻医问药，儿子们请先生读书，二百两银子捉襟见肘，有时不得不先到亲戚家挪借，他的钱寄到再补还。

同治元年（1862），他写给儿子的信中说：

曾以一函寄尔，并付今年薪水银二百两归，未知
接得否？念家中拮据，未尝不思多寄，然时局方艰，
军中欠饷七个月有奇，吾不忍多寄也。

左宗棠本人力行节俭，"非宴客不用海菜，穷冬犹衣缊袍"。
为了防止衣袖磨破，他让人缝了一副套袖，平时套在衣袖外面。
平定太平天国以后，清政府论功行赏，左宗棠获得"恪靖"爵
号，他怕家人骄傲自大，专门写信让妻子"督饬诸儿及家人妇
子，格外谨严，绝不可因改换门庭，日趋奢侈，致忘却本来面
目也"。

左宗棠经常在家书中跟儿子说："尔曹年少无能，正宜多历
艰辛，练成材器，境遇以清苦淡泊为妙，不在多钱也""我廉金
不以肥家，有余辄随手散去，尔辈宜早自为谋""家用虽不饶，
却比我当初十几岁时好多些，但不可乱用一文，有余则散诸宗
亲之贫者"。

同治十一年（1872），左宗棠的儿子们相继成婚，家中添
了很多人口，原来的房子不够住，加盖了栋房子。他的儿子想
造个轿厅，买地基和建筑材料要花费六百两银子，气得左宗棠
写信骂他们："贫寒家儿忽染脑满肠肥习气，令人笑骂，惹我
恼恨。"

左宗棠虽对家人吝啬，但是有几笔钱，他花得很慷慨，一
是赈济灾民，二是赈济手下将士和贫困书生，他经常一次拿出
几千或上万两银子。他还经常拿钱救济家族和亲戚中的孤苦之

人。他给儿子请教书先生也很大方，他嘱咐家人，生活费用可以节省，给先生的束脩一定及时送到。

直到晚年，他的儿子陆续成婚添丁，长子长媳早亡，留下年幼的孙子，他才考虑给家人留一些财产，但也仅是把他一年的收入拿出来，分成四份，每个儿子一份。

左宗棠的四个儿子，只有四子左孝同在清末做到江苏按察使，别的儿子有的做个小官，有的终身不曾入仕。清朝灭亡以后，很多官宦子弟吃喝嫖赌，无所事事，左宗棠的后代谨守左氏遗风，认真读书，踏实做学问，出了多位名医、学者、工程师。

人人发挥其个性之特长，以靖献于社会

——梁启超家书

一

1927 年，梁思成写信问父亲梁启超：有用和无用的区别是什么？

梁启超在一年前动过手术，身体状况不好，他仍然热情洋溢地给儿子回了一封信，告诉儿子什么是有用，什么是无用。

这封信对了解梁启超的教育观很重要，现将这封信的主要内容摘录如下：

> 思成来信问有用无用之别，这个问题很容易解答，试问开元、天宝间李白、杜甫与姚崇、宋璟比较，其贡献于国家者孰多？为中国文化史及全人类文化史起见，姚、宋之有无，算不得什么事；若没有了李、杜，试问历史减色多少呢？
>
> 我也并不是要人人都做李、杜，不做姚、宋，要

之，要各人自审其性之所近何如，人人发挥其个性之特长，以靖献于社会，人才经济莫过于此。思成所当自策厉者，惧不能为我国美术界作李、杜耳。如其能之，则开元、天宝间时局之小小安危，算什么呢？你还是保持这两三年来的态度，埋头埋脑去做便对了。

你觉得自己天才不能负你的理想，又觉得这几年专做呆板工夫，生怕会变成画匠。你有这种感觉，便是你的学问在这时期内将发生进步的特征，我听见倒喜欢极了。孟子说："能与人规矩，不能使人巧。"凡学校所教与所学总不外规矩方圆的事，若巧则要离了学校方能发见。规矩不过求巧的一种工具，然而终不能不以此为教、以此为学者，正以能巧之人，习熟规矩之后，乃愈益其巧耳。不能巧者，依着规矩可以无大过。

你的天才到底怎么样，我想你自己现在也未能测定，因为终日在师长指定的范围与条件内用功，还没有自由发掘自己性灵的余地。况且凡一位大文学家、大美术家之成就，常常还要许多环境与其附带学问的帮助。中国先辈说要"读万卷书，行万里路"。你两三年来蛰居于一个学校的图案室之小天地中，许多潜伏的机能如何便会发育出来？即如此次你到波士顿一趟，便发生许多刺激，区区波士顿算得什么，比起欧洲来真是"河伯"之与"海若"，若和自然界的崇高伟丽之美相比，那更不及万分之一了。然而令你触发者已经如此，将来你学成之后，常常找机会转变自己的环境，扩大自己的眼界和胸怀，到那时候或者天才会爆发出来，今尚非其时也。

今在学校中只有把应学的规矩，尽量学足，不唯如此，将来到欧洲回中国，所有未学的规矩也还须补学，这种工作乃为一生历程所必须经过的，而且有天才的人绝不会因此而阻抑他的天才，你千万别要对此而生厌倦，一厌倦即退步矣。至于将来能否大成，大成到怎么程度，当然还是以天才为之分限。

我生平最服膺曾文正两句话："莫问收获，但问耕耘。"将来成就如何，现在想他则甚？着急他则甚？一面不可骄盈自慢，一面又不可怯弱自馁，尽自己能力做去，做到哪里是哪里，如此则可以无入而不自得，而于社会亦总有多少贡献。我一生学问得力专在此一点，我盼望你们都能应用我这点精神。

二

梁启超以生活于开元天宝年间的名相姚崇、宋璟和诗人李白、杜甫为例，论述谁对国家的贡献更大。论社会地位，是姚崇、宋璟超过李白、杜甫。李白一生只做过一个有名无实的翰林，杜甫一生贫寒落魄。但是梁启超认为，没有姚崇、宋璟，对社会的影响不大，没有李白、杜甫，不论中国文化史还是世界文化史，都会失去很多光彩。

梁启超举这个例子，不是让人们不去当官，都去当诗人。而是他认为，社会上需要各种各样的人，每个人的特长和天赋是不一样的，一个人只要把他的特长发挥出来，就是为社会作贡献了。

我们长期以来受"学而优则仕"思想的影响，认为从政才是高尚职业，辅君王、安社稷，才是对社会的贡献。梁启超认为并非如此，一个人有什么特长就发挥什么特长，有什么能力就运用什么能力，这就是对社会的贡献。

梁启超的儿女大都学习实用技术，长子梁思成在美国宾夕法尼亚大学学习建筑学，次子梁思永在哈佛大学攻读考古学和人类学，三子梁思忠在美国西点军校留学，四子梁思达在南开大学学习经济学，五子梁思礼在美国普渡大学电机工程系学习。

从事实用技术研究，肯定不如做官来钱快、有实权，但是梁启超对儿子们的选择很满意。他在给儿女们的信中说："做官实易损人格，易习于懒惰与巧滑，终非安身立命之所。"

梁启超的四个女儿也都接受了很好的教育，有的研究诗词，有的钻研图书编目，有的从事社会活动，还有一个女儿后来参加了新四军。

梁启超让子女选择学业时，把有利于国家和社会放在第一位，但是他也很尊重子女的个人爱好。他的次女梁思庄在加拿大麦吉尔大学学满一年，需要选择具体专业，梁启超认为中国生物学是个空白，想让女儿学习生物学，但是梁思庄对生物学没兴趣，感到很苦恼。

梁启超听说以后，赶紧给次女写信，让她选择自己喜欢的专业。

> 庄庄，听见你二哥说你不大喜欢生物学，既然如此，为什么不早同我说。凡学问最好是因自己性之所近，往往事半功倍。你离开我很久，你的思想近来发展方向我不知道，我所推荐的学科未必合你的适，你应该自己体察做主，用姐姐哥哥当顾问，不必泥定爹爹的话。

梁思庄最后选择了自己喜欢的图书馆学，后来成为一名图书馆学专家。

梁启超的九个儿女个个成才，没有一个孩子成为纨绔子弟。他的长子梁思成、次子梁思永是中央研究院院士，五子梁思礼是中国科学院院士。

人们称赞梁启超家"一门三院士，九子皆才俊"。

三

梁启超子女的成功无疑与梁启超家的优良家风和他对子女的教育有关。

梁启超是一位开明的父亲，他从来不在子女面前摆严父的架子，他与孩子们总是平等交流，给每个孩子真诚的爱，他的每个孩子都在他浓浓的父爱之中长大成才。

梁启超非常疼爱孩子们，他称大女儿梁思顺为"大宝贝"，次女梁思庄为"小宝贝庄庄"，小儿子梁思礼为"老白鼻"（英语 baby 的谐音），对别的儿女，也都有各自爱称，诸如"永永""忠忠""达达"。他给孩子们写信说："我晚上在院子里徘徊，对着月亮想你们，也在这里唱起来，你们听见没有？"

梁启超儿女众多，孩子们经常跑到他身边，影响他工作，他也不气恼，反而觉得是人生之乐事。他在给孩子们的信中写道："每天老白鼻总来搅局几次，是我最好的休息""老白鼻一天一天越得人爱，非常聪明，又非常听话，每天总要逗我笑几场。他读了十几首唐诗，天天教老郭念，刚才他来告诉我说：'老郭真笨，我教他少小离家，他不会念，念成乡音无改把猫摔。'他一面念说一面抱着小猫就把那猫摔地下，惹得哄堂大笑。"

梁启超没有男尊女卑思想，他让女儿跟儿子一样接受教育，开阔眼界，从未因为她们是女孩儿而限制她们发展。

梁启超重视儿女们的学业，他在给孩子们的信中说："凡做学问总要'猛火熬'和'慢火炖'两种工作循环交互着用去。在慢火炖的时候，才能令所熬的起消化作用、融洽而实有诸己。思成你已经熬过三年了，这一年正该用慢火炖的功夫。"

梁启超教育孩子们努力实现目标，他跟孩子们说："天下事业无所谓大小，只要在自己的责任内，尽自己力量做去，便是第一等人物。"

但是他不会给孩子们施加压力，他在给孩子们的信中说："学习不必太求猛进，像装罐头样子，塞得越多越急，不见得便会受益。"

他的次女梁思庄跟着姐姐梁思顺到加拿大留学，刚开始到国外不适应，学业吃紧，他写信给长女说："庄庄今年考试，纵使不及格，也不要紧，千万别着急，因为她本勉强进大学。你们兄妹个个都能勤学向上，我对于你们的功课绝不责备，却是因为赶课太过，闹出病来，倒令我不放心了。"

梁启超的长子梁思成的未婚妻林徽因在美国留学期间，父亲林长民去世，梁启超主动承担起父亲的角色，他在给儿子的信中写道："我从今以后，把她和思庄一样的看待。"

梁启超是中国近代史上一个绕不过去的人物，说起他的名字，人们就想起维新运动、戊戌变法，实际上梁启超的社会角色远非如此，他是一位政界和文化界的跨界人士，他写的那些热情澎湃的文章感染了一代代热血青年，他在文化界的地位首屈一指。

他身上的光环让人们长期以来忽略了他在子女教育上的成功，与梁启超同时期的很多名人在子女教育上很不成功，有人受专制思想的影响，对孩子的教育过于苛刻，导致子女产生逆反心理，有人对子女放任不管，纵容他们染上坏习气。

还有很多人，热衷于搞钱，以为给孩子留下大量金钱就是爱孩子。梁启超对子女的教育严而不苛，开明而不纵容，他把自己的每个孩子也当作社会的孩子，让他们担负家庭责任，也让他们担负社会责任。

梁启超的很多做法值得我们今天大多数父亲学习。

 好学

吾生不学书，但读书问字而遂知耳

——刘邦《手敕太子文》

一

刘邦是我国第一位平民皇帝，毛泽东称赞他是"封建皇帝里面最厉害的一个"。刘邦很聪明，但是因为上面有两个哥哥，他从小游手好闲，既不爱劳动，也不爱读书。

唐代诗人章碣写有一首讽刺秦始皇焚书坑儒政策的《焚书坑》：

竹帛烟销帝业虚，关河空锁祖龙居。

坑灰未冷山东乱，刘项原来不读书。

这首诗影响很广，让"刘项原来不读书"这个观点深入人心。据史书记载，刘邦不喜欢儒生，抓过儒生的帽子，往里面撒尿。

刘邦不是文盲，只是读书不多，最初，他没觉得不读书有什么不好，他在沛县当亭长，这是个介于村长和乡长层级之间的基层干部，主要是维护地方治安。这个职位不需要多高的文化，能看懂官府的文书就够了，满腹经纶也派不上用场。

刘邦自己也没想到，他人到中年，竟然赶上"秦失其鹿，天下共逐之"的时代，成为逐鹿的群雄之一。

在下邳，刘邦遇到了后来被称为"汉初三杰"之一的张良。张良出身韩国贵族，从小接受了良好教育，成年以后在圯上遇到黄石公，黄石公传授给张良一部兵法书。张良认真研读兵法后，像鸟张开了翅膀，看得更远，心里更敞亮。

刘邦遇到张良以后，才意识到自己读书太少。张良看上去是一个文弱书生，却对天下大势了如指掌，张良经常轻轻一点拨，就为刘邦解决一个大问题。

刘邦想学兵法已经来不及了，张良给他恶补了一些兵法知识。张良感叹道："我给很多人讲过兵法，他们都不明白，我给沛公一讲，他就明白，他真是天赐之人。"这说明刘邦的天分是很好的，只是他没读过兵书，不知兵法，这是张良决定追随刘邦的一个重要原因。

刘邦很崇拜张良，他说："夫运筹帷幄之中，决胜千里之外，吾不如子房（张良字）。"

刘邦又一次意识到读书有用是他当上皇帝以后，儒生陆贾经常给他讲《诗经》《尚书》，刘邦听不进去，破口大骂："老子马上打天下，哪用得着你们这些《诗》《书》？"

陆贾面不变色地说："马上得天下，怎么能马上治天下？当年商汤和周武王逆天改命夺天下，顺势而为守天下，文武并用，才是长治久安之计。吴王夫差和智伯都在武力强盛时灭亡，秦朝严刑峻法不知改变，导致嬴氏灭绝。假如秦朝统一天下以后实行仁政，效法古代的贤王，你怎么会夺得天下呢？"

刘邦听完心里很惭愧，跟陆贾说："你总结一下秦朝失天下我得天下，以及历朝历代兴衰的原因，写出来给我看看。"

陆贾洋洋洒洒写了十二篇叙述各朝各代兴衰经验教训的文章，每写完一篇，向刘邦呈上一篇，刘邦读了以后感叹不已，大臣们也都喊"万岁"。

刘邦这时候才知道，读书和不读书，视野真的不一样。

二

公元前 196 年，淮南王英布造反，刘邦亲自带兵讨伐英布，身上中了一箭，从此健康状况恶化，第二年就病逝了。

刘邦发现自己身体不好时，开始考虑给继承人立遗嘱。刘邦有八个儿子，只有刘盈是嫡子，尽管他不喜欢刘盈，他死以后，也只能是刘盈继位。

刘盈年仅十六岁，刘邦放心不下儿子，更放心不下大汉江山。他给刘盈手写了一道诏书：

> 吾遭乱世，当秦禁学，自喜，谓读书无益。洎践阼以来，时方省书，乃使人知作者之意，追思昔所行，多不是。

刘邦在诏书中检讨自己的过失，说他年轻时不懂事，秦朝推行焚书政策，他想到这样就不用读书，心里很高兴。他当上皇帝以后，才知道读书的重要性，才了解作者的意思，回想以前的自己，有很多做得不对的地方。

刘邦跟儿子说：

尧舜不以天下与子而与他人，此非为不惜天下，但子不中立耳。人有好牛马尚惜，况天下耶？吾以尔是元子，早有立意。群臣咸称汝友四皓，吾所不能致，而为汝来，为可任大事也。今定汝为嗣。

尧舜不把天下传位给自己的儿子，而传位给别人，不是他们不珍惜天下，是他们的儿子不足以担当大任。一个人有好马好牛都知道珍惜，哪有不珍惜天下的？

我因为你是嫡长子，早就想立你为太子。大臣们也都称赞你的朋友商山四皓，我请不来商山四皓，你却能把他们请来，看来你是能担当大事的，我决定立你为继承人。

刘盈性格仁懦，刘邦不喜欢他。刘邦喜欢刘如意，多次想改立刘如意为太子。很多大臣反对刘邦废长立幼，刘邦犹豫不决。

刘盈的母亲吕雉听说刘邦想要改立太子，急得像热锅上的蚂蚁，去求张良帮她想办法。张良让刘盈设法把商山四皓请出山。商山四皓是隐居在商山的四位德高望重的老人，刘邦多次想请他们出山，他们都不肯。刘盈能把他们请出来，就证明刘盈得人心，刘邦贵为皇帝，也不敢违背民意。

刘盈按张良的指点去做，果然把商山四皓请了出来。刘邦一看儿子这么得人心，只好放弃改立刘如意为太子的念头。

> 吾生不学书，但读书问字而遂知耳。以此故不大工，然亦足自辞解。今视汝书，犹不如吾。汝可勤学习。每上疏，宜自书，勿使人也。

刘邦想批评刘盈，但在批评刘盈之前，他先做自我批评，说自己平生不爱读书，只在看书问字时知道了一点知识，因此写文章不工整，不过意思还能表达得明白。

他说："我现在看你写的文章，还不如我写的。你要多读书学习，以后上奏章，应当自己写，不要让别人代笔。"

> 汝见萧、曹、张、陈诸公侯，吾同时人，倍年於汝者，皆拜，并语於汝诸弟。吾得疾遂困，以如意母子相累，其余诸儿皆自足立，哀此儿犹小也。

敕文的最后，刘邦嘱咐儿子两件事：

一是让刘盈与萧何、曹参、张良、陈平等人搞好关系，他们都是刘邦夺天下的功臣，刘盈想坐稳天下，需要他们辅佐。他还让刘盈告诉弟弟们，也要对这几位老臣以礼相待。

二是让刘盈设法保全刘如意母子。

三

刘邦出生在沛县一个农民家庭，他从没想过自己有一天会当皇帝，他年轻时的愿望是当游侠，游侠不需要多读书，只需对朋友大方，讲义气，这是游侠的必要条件。刘邦家是比较富裕的农民，他想读书，还是有条件的。他的家乡邻近鲁国，鲁地有很多儒生，他的弟弟刘交就跟随浮丘伯学《诗经》，成为荀子的再传弟子。

刘邦有兄弟四人，长兄刘伯早亡，次兄刘仲是老实本分的农民，埋头耕田种地，小日子过得很红火。刘邦的父亲最喜欢勤劳能干的二儿子，经常让刘邦向二哥学习。

刘邦当上皇帝以后，封二哥为代王，让他驻守北方，防止匈奴入侵，但是二哥毫无才干，匈奴侵犯代国时，他竟然弃国逃回洛阳。刘邦很生气，念他是自己的哥哥，只是免去刘仲的王位，降为合阳侯。

刘邦的弟弟刘交年龄虽小，却比刘仲有才干。刘交跟浮丘伯学《书》不久，秦朝下达焚书令，他只好回家，学问虽不够精深，但比二哥强多了。

刘邦与刘交同父异母，论血缘关系，刘交不如刘仲，可是刘交比刘仲更有能力。刘邦封刘交为楚王，楚国是刘、项故里，这是一块很敏感的地方。

刘交把楚地治理得很好，他还让儿子刘郢客继续跟随浮丘伯读书，刘郢客后来成为一个很有学问的人。虽然刘郢客只当了四年楚王，却很受人们爱戴。

另一位平民出身的皇帝朱元璋，家庭条件很差，饭都吃不上，更没有条件读书。朱元璋吃尽了没文化的苦，他继位不久，就发布圣旨，让各郡县都设立学校，还投入大量资金，建校舍，给学生发放生活补贴。

朱元璋聘请老学士宋讷任国子监祭酒，宋讷讲学认真，纪律严明，严师出高徒，他的学生在大考中成绩很好，但是宋讷定的校规太严格，学生受不了，有人发匿名帖子表达不满，被朱元璋查出来枭首示众。

朱元璋后来还在国子监立了一块圣谕碑，让学生们好好读书，在国子监里守规矩，谁敢不守规矩，他就让谁全家充军，谁敢发匿名帖子，让同学检举出来，他就把谁凌迟处死，家产抄没，全家流放。

朱元璋这个处罚方式虽太严厉，有失人性，但是至少他是知道文化教育的重要性。朱元璋对自己儿子的教育更上心，他让大学者宋濂给太子朱标当老师，想让儿子做个博古通今之人，不要像他一样没文化。

四

一个人的知识来源有二，一是自己亲见亲历，二是别人亲见亲历。我生有涯，而生无源，一个人亲见亲历的事情是有限的，但他可以从别人的亲见亲历之中吸取经验。读书就是吸取别人经验的重要方式。

　　没有哪个有远见的帝王会不读书，也没有哪个有远见的帝王会不重视儿孙后代读书。刘邦原来不读书，是他没认识到读书的必要性，认识到读书的必要性后，他就重视读书了。

　　一个国家想长治久安，一个家族想世代传递，一定要从一开始就塑造良好风气。一个家族的良好风气，就是我们说的家风。

　　那些形成良好家风又重视教育的家族，很多成为古代的名门望族。正因为如此，哪怕是不热衷于名利的士大夫，也希望子孙不要中断读书传统，做个耕读之人。

　　当今世界更复杂精彩，对人的素质要求更高，我们更要重视教育，重视社会风气与家庭风气建设，这样才有利于我们的生存和发展。

夫志当存高远，慕先贤，绝情欲，弃凝滞

——诸葛亮《诫外甥书》

一

诸葛亮给他的儿子写过一封劝诫信——《诫子书》，还给他的外甥写过一封劝诫书信——《诫外甥书》，从中可见诸葛亮的人生态度和对外甥的一片关爱之心。

诸葛亮，字孔明，出生于琅邪郡阳都县（今临沂市沂南县）一个官吏之家，他的父亲诸葛珪在东汉末年做过泰山郡丞。诸葛亮早年家庭不幸，三岁丧母，八岁丧父，由叔叔诸葛玄抚养长大。

诸葛亮有一个哥哥，一个弟弟，两个姐姐，大哥诸葛瑾求学在外，两个姐姐对诸葛亮和弟弟诸葛均照顾很多，姐弟们相依为命，感情深厚。

兴平初年，诸葛亮的叔叔诸葛玄被袁术任命为豫章太守，他带着诸葛亮兄弟姐妹一起赴任。不料他刚刚到任，朝廷就任命了新的豫章太守，诸葛玄只好带着诸葛亮兄弟姐妹投奔跟他

有旧交情的荆州牧刘表。

不久，诸葛玄去世，十七岁的诸葛亮和弟弟诸葛均隐居在南阳躬耕垄亩。他们的大哥诸葛瑾在东吴发展，两个姐姐都嫁了人，大姐嫁给襄阳豪族蒯氏家族的蒯祺为妻，二姐嫁给名士庞统的堂兄庞山民为妻。

诸葛亮在南阳结交名士，观察天下大势，渐渐声名远播。刘备听说诸葛亮是个人才，三顾茅庐，请诸葛亮出山，后来诸葛亮的弟弟诸葛均也跟着诸葛亮投奔了刘备。诸葛亮的两个姐夫都是曹魏官员。诸葛亮兄弟姐妹分居各地，开始了各为其主的生活。

建安二十四年（219），刘备派大将孟达进攻房陵，房陵太守正是诸葛亮的大姐夫蒯祺。由于孟达的兵马出其不意杀来，房陵守军来不及抵抗就溃不成军，诸葛亮的大姐夫蒯祺死于乱军之中。

诸葛亮有两个姐姐，他的外甥必定是这两个姐姐之子。诸葛亮的外甥之中，有记载的只有二姐之子庞涣，庞涣在西晋太康年间出任牂牁太守。

诸葛亮的二姐家庭完整，外甥的教育自有二姐夫妇负责，诸葛亮不大可能插手二姐儿子的教育。而诸葛亮的大姐夫死于乱军之中，若是大姐的儿女没死，很可能被诸葛亮接去抚养，那大姐儿子的教育就落在了诸葛亮这个舅舅身上。故诸葛亮的《诫外甥书》很有可能就是写给大姐的儿子的。

诸葛亮政务太忙，每天有数不清的军政大事等待他去处理，他没有时间坐下来与外甥畅谈人生，给外甥一个人生规划，只能以写信的形式告诉外甥应该怎样做。

二

《诚外甥书》内容如下：

> 夫志当存高远，慕先贤，绝情欲，弃凝滞，使庶几之志，揭然有所存，恻然有所感；忍屈伸，去细碎，广咨问，除嫌吝，虽有淹留，何损于美趣，何患于不济？若志不强毅，意不慷慨，徒碌碌滞于俗，默默束于情，永窜伏于凡庸，不免于下流矣。

诸葛亮跟外甥说：

一个人应该树立远大志向，追慕先贤，节制情欲，抛弃郁结在胸中的俗念，这样才能让你的远大志向，在你身上明白地体现出来，使你内心震动、心领神会；要能忍受顺境、逆境的考验，摆脱琐碎的事情和情感的纠缠，广泛地向别人请教咨询，不要怨天尤人。这样你即使一时不得志，也不会损害你美好的情绪，不必担心事业不成功。如果你的志向不坚毅，意气不昂扬，只能碌碌无为沉溺于俗务之中，默默无闻束缚于个人情感之中，一辈子混在平庸人群之中，沦落为一个下流没出息的人。

诸葛亮的《诫外甥书》与他的《诫子书》在内容上很相似，都是教导晚辈怎样做人，怎样增长学问，意境高远，言辞恳切。

诸葛亮作为舅舅不偏心，跟外甥和跟儿子说的是同样的话。

不过，诸葛亮的外甥与诸葛亮的儿子的情况不太一样，诸葛亮写劝诫书时的重点也就有所不同。

诸葛亮写《诫子书》时，他的儿子诸葛瞻还是一个不谙世事的孩子。诸葛亮在蜀国位高权重，身份尊贵，四十多岁才有了儿子诸葛瞻，诸葛瞻从出生之日起就被众星捧月。诸葛亮怕儿子被宠坏了，养成大少爷脾气，心性浮躁，懒惰怠慢，学业上浅尝辄止，浪费时间，一事无成。所以他在《诫子书》中开宗明义，告诫儿子要内心安静，生活节俭，做到这两点才能学业、事业有成。

诸葛亮的外甥年龄比诸葛瞻大不少，诸葛亮给他写这封信时，他已经成年。他比诸葛亮的儿子更有理解力，遇到的问题也更具体。很可能因为父亲，他郁郁不得志，心绪低落，沉迷于世俗的琐碎事务和情感的纠缠之中，求学不安心，人生也没有方向。

诸葛亮看在眼里，急在心里，他不能批评外甥，若是操之过急，外甥产生抵触心理，反而适得其反。但他又不能不教育外甥，一个人的青春有限，很容易荒废。

诸葛亮只好给外甥写了一封信，教育外甥拨开人生迷雾，走出人生困境。

三

诸葛亮认为外甥面临的问题不少，根本原因是没有立志。

一个人有了志向，就像一艘船知道往哪开，有了目标，就有了动力。

诸葛亮在《诫外甥书》中开宗明义，先讲"立志"的重要性，要成为一个伟大的人，就要"志存高远"，从年轻时树立远大目标。

诸葛亮是个有远大志向的人，他早年父母双亡，抚养他的叔叔也在他十七岁时去世，他带着弟弟隐居隆中，耕田种地，看上去是一位普通青年，他的好友却知道他胸怀大志。诸葛亮跟好友石韬等人说："你们若是做官，可以做到刺史、郡守。"石韬等人问诸葛亮："你可以做到哪个级别？"诸葛亮笑而不语。

年轻时的诸葛亮就知道他是个可以辅佐君王成就大业之人。因为人生有目标，他身处逆境，也不灰心，不让日常琐碎之事扰乱自己的心境。他安静地等待着一个有利时机，直到有一天，刘备来拜访他。他认为刘备是个可以合作一辈子的人，于是跟着刘备出了山。

诸葛亮辅佐的刘备也是一个有大志向的人。刘备小时候，跟几个孩子在他家门外玩耍，他家的篱笆墙外有一棵大桑树，树冠好像天子乘坐的羽葆车上的华盖，刘备指着桑树说："我将来也要坐这样的羽葆盖车。"他的叔叔听了大吃一惊，警告他："以后不要胡说八道，这是要灭门的。"

东汉末年，天下大乱，皇帝沦为军阀手中的傀儡。两汉皇帝的后代数以万计，有的默默无闻，有的偏安一隅，只有沦为平民的刘备打出"兴复汉室"的旗号，他历尽艰辛，百折不回，终于开创蜀汉帝国。

大泽乡起义的领导者陈胜也是个有志之人，其年轻时给人家当佣工，有一天休息时，他走到田垄上，叹息很久，跟佣工们说："将来咱们富贵了，可不要互相忘记。"佣工们一听笑了起来："你是个做佣工的，怎么可能会富贵？"陈胜长叹一声说："燕子麻雀怎么会知道大雁天鹅的志向呢？"

公元前 209 年，陈胜在大泽乡一声怒吼："王侯将相，宁有种乎？"拉开了秦末农民战争的序幕。

四

一个人有了远大志向以后应该怎样做？诸葛亮认为，一个人有了志向，还要严格要求自己，给自己找一个榜样，向心中的榜样学习，这就是"慕先贤"。

年轻时的诸葛亮"自比管乐"，他仰慕的先贤是管仲和乐毅。管仲辅佐齐桓公成为春秋第一位霸主，乐毅带领五国联军伐齐，攻克齐国七十余城，报了齐国伐燕之仇。诸葛亮想跟管、乐一样，成为一个辅佐国君的人才。他隐居南阳时，政治、经济、天文、地理、军事、科技等方面的知识无不涉猎，刘备请他出山以后，他无论治国还是带兵，都能独当一面，因他早在心中储备了各方面的知识。

一个人有了人生目标，有了人生榜样，就可以大步往前走。在大步往前走的路上会遇到很多障碍，就像唐僧取经路上的九九八十一难，每一个障碍都是一次考验，经得住考验才能取得真经。

阻碍一个人前进的障碍首先是情绪和欲望，一个人欲求太多，就会分散精力，不能把全部精力用在实现目标上。诸葛亮能够辅佐刘备成就大业，只因他是一个低欲望的人，没有很多物质追求，他担任蜀相多年，死的时候给家人留下的"桑八百株，薄田十五顷"，仅够家人维持小康生活。他也没有很多情欲，相传他的妻子是黄承彦之女，长得很丑，但是很有才华，诸葛亮便一口应承了这桩婚事。

一个人欲望太多，会掉进欲望的陷阱之中，一个人情绪太多，会陷进情绪的旋涡之中，让自己心烦意乱，无从选择，这样就会成为情绪的奴隶，整天被乱七八糟的事情纠缠着。一个人要想有所成就，就要从思想的束缚中解脱出来，才能轻装上阵。

要做一个有弹性的人，能屈能伸，不要爱面子，而要勇于向别人请教。不要嫉妒别人，不要怨天尤人，这些不良情绪对一个人的成长毫无益处，只是浪费了自己的时间和精力。

人生不会都是顺境，也不会每个人开头就是高起点。诸葛亮仰慕的先贤管仲在没有跟随齐桓公之前，是人们眼中的失败者，做什么都不成功，因为他没有遇到有利的时机，没有跟对人，当他成为齐桓公的谋士以后，终于有了发挥才能的舞台。

诸葛亮跟外甥说，你只要做到这几点，就能成为一个志趣高洁之人，即使眼前不顺利，以后也会有发光发热的机会。如果你意志不坚强，心胸不开阔，就只能成为一个凡夫俗子。

诸葛亮一再告诫晚辈珍惜时光，他太知道时光的珍贵了。诸葛亮二十七岁跟随刘备出山，到他五十四岁去世，二十多年间，他几乎没有休息，没有娱乐，一心全扑在工作上，即使如此勤劳，他与刘备"兴复汉室"的愿望也没能实现。刘备"创业未半而中道崩殂"，诸葛亮"出师未捷身先死"，都是带着遗憾离去。

从年轻时就胸怀大志、一生勤勤恳恳的刘备和诸葛亮都没能实现人生宏愿。晚辈们才能不如他们，更要趁着年轻立志、修身、读书，这样才会成为人才，干成事业。

勤读圣贤书，尊师如重亲

——范仲淹《范文正公家训百字铭》

一

提起范仲淹，人们就会想起他的千古名句："先天下之忧而忧，后天下之乐而乐。"他不是写《岳阳楼记》时偶然想到这个句子，而是他平时就经常吟诵"士当先天下之忧而忧，后天下之乐而乐也"。

范仲淹"少有大节，其于富贵、贫贱、毁誉、欢戚，不一动其心，而慨然有志于天下"。范仲淹少年时就有高尚情操，他对于富贵、贫贱、诋毁、赞扬、欢乐、忧伤，都不放在心上，而是把造福于天下人当作人生志向。

宋人笔记中也提到，范仲淹还没成名时就有"非为良将，则为良医"的意愿。

有一次范仲淹到灵祠求祷词，他问神灵："我能当上宰相吗？"神灵没有回应他。他又祷告："如果我不能得相位，我愿成为良医。"神灵还是没有回应他。范仲淹叹道："既不能造福于国家，又不能造福于人民，不是大丈夫之所为。"

有人问范仲淹："你立志当宰相，这可以理解，可你为什么想当良医？跟宰相相比，医生的地位也太卑下了吧？"

范仲淹说："当宰相，造福于天下人，当然是好的。当不成宰相，那就当医生，也能治病救人。在社会下层还能造福于人的，只有医生这个职业了。"

范仲淹青少年时期经历坎坷，生活困窘，但他奋力克服困难，勤奋读书，最终靠读书改变命运，实现人生理想。

范仲淹祖籍陕西邠州，高祖父迁居于苏州吴县。宋太宗端拱二年（989），范仲淹出生于徐州节度掌书记官舍。范仲淹不到两岁时，他的父亲范墉病逝，母亲谢夫人独自扶养儿子，生活艰难，只好带着还不懂事的范仲淹改嫁淄州长山人朱文翰，范仲淹遂改名为朱说。

朱氏继父是个小官吏，收入微薄，朱家人口多，生活并不宽裕，范仲淹的母亲想让儿子做点小生意养家，可范仲淹一心想读书。范仲淹在邹平西南醴泉寺读书时，生活清苦，他每天煮一锅粥，放置一夜，待米粥凝固成块，他把凝固的粥划成四块，每天早晚各吃两块，再配上几根小咸菜，调上点醋汁，当作下饭菜，这就是"划粥割齑"的故事。

范仲淹随母改嫁时年幼，不知自己身世，直到他成年后，看到朱姓兄弟铺张浪费，忍不住劝他们节俭，朱姓兄弟讥讽他："我用我们朱家的钱，关你什么事？"范仲淹很震惊，去问母亲，母亲这才告诉他实情。范仲淹哭着向母亲道别，他决心外出求学，考取功名，自立于世，不再寄人篱下。

　　范仲淹来到南京求学，日子仍旧非常清苦。他有个同学是官员之子，家庭条件很好，看到范仲淹总是粗茶淡饭，便回家告诉了父亲。他父亲很同情范仲淹，吩咐厨子炒了几个好菜，让儿子带给范仲淹吃。范仲淹把同学带来的好饭菜放在一边，直到放坏了也没吃。

　　同学很奇怪，问他为什么不吃。范仲淹说："我很感谢您父亲的美意，但是我唯恐吃了您带来的好饭菜，就吃不下清粥咸菜了。"

　　范仲淹寒窗苦读，"五年未尝解衣就枕"，晚上困得睁不开眼，用凉水洗洗脸，然后继续读书。大中祥符七年（1014），宋真宗驾临南京，同学们纷纷跑到街上看天子真容，只有范仲淹仍然坐在书舍里读书，同学们问他为什么不去看，他说："皇上总是要见的，将来去见也不晚。"

　　他坚信自己会考中进士，在朝堂上见到皇上。大中祥符八年（1015），二十七岁的范仲淹考中进士。他很高兴自己终于有条件把母亲接到身边奉养，也很高兴自己有机会实现造福天下人的梦想。

二

　　范仲淹为官三十余载，不仅受到当时之人的赞扬，也受到后世之人的高度评价。王安石评范仲淹："范文正公，当时文武第一人。"朱熹说范仲淹是"第一流人物"。南宋初年的刘载论范仲淹："本朝人物，南渡前，范文正公合居第一。"南宋理学家罗大经说："国朝人物，当以范文正为第一，富、韩皆不及。"

范仲淹从早年立志于做宰相，并不是想享受权力带来的好处和威严，而是想实现他的政治理想。故而他走上仕途以后，廉洁奉公，刚正不阿，无论是做司法官员审理案件，还是做盐官负责淮盐的储存转销，都认真负责，兢兢业业。他在泰州西溪任盐官时，发现海堤年久失修，上疏江淮漕运，建议重筑海堤。

范仲淹任地方官期间多次兴修水利，赈济灾民。有一年江淮京东闹灾荒，范仲淹请求皇上派人到灾区察看情况，宋仁宗没有理会他。他当面与宋仁宗针锋相对，质问宋仁宗："宫掖中当日不食，当何如？"范仲淹到江淮安抚灾民，开仓放粮，看到灾民有以乌昧草为食的，便折了一把乌昧草带回朝中，请皇卜讣六宫贵戚都尝尝吃草是什么滋味。

宋仁宗庆历三年（1043），范仲淹拜参知政事，进入权力中枢，与富弼、韩琦等人一起推动庆历新政，试图整顿吏治，改变北宋的"三冗"问题。

他大笔一挥，革掉一批浑水摸鱼的官员。有人劝他："你大笔一挥，这个官员一家人可要哭了。"范仲淹说："一家哭，何如一路哭！"

范仲淹敢于直言，经常冒着触怒龙颜的风险上书。范仲淹居母丧时，被地方官请到应天书院执教，他认真抓学习，抓纪律，每次给学生出考题前，总是自己先做一遍，试试考题的难易程度。

　　范仲淹不论是在地方上处理具体事务、在朝廷中筹划治国安民之策，还是在边防抓军事，都能应对自如。宋仁宗康定年间，范仲淹先后历任延州、庆州知州，这二州临近西夏，是军事重镇。范仲淹上任便改革军制，训练兵马，多次打败西夏军进攻。西夏人畏惧范仲淹，称他为"小范老子"，说"小范老子胸藏十万甲兵"。

　　范仲淹知人善任，发现提拔了狄青、种世衡、郭达等一批名将。理学家张载年轻时喜欢谈兵，想到边疆立功，他二十一岁时拜访范仲淹，范仲淹跟他说："儒者自有名教可乐，何事于兵？"张载从此潜心做学问，终成一代大儒。

　　范仲淹能文能武，多次被贬，不改初心，真正做到了"居庙堂之高则忧其民，处江湖之远则忧其君"。皇祐四年（1052），范仲淹于赴颍州任上病逝，享年六十四岁。

　　宋仁宗给范仲淹亲题碑额，宋钦宗追赠其魏国公，谥号"文正"。清朝初年，范仲淹从祀孔庙。

三

　　范仲淹为官几十年，布衣蔬食，身边没有增加一个仆役，没有置办一处园林田庄。皇祐二年（1050），范仲淹抨击宰相吕夷简任人唯亲，第三次被贬出朝廷。

　　此时他年过六十，身体状况不好，有退休养老的打算，儿孙们劝他在洛阳购买田园美宅，作为养老之所。范仲淹却拿出终生积蓄，在吴县买了一千亩地，捐给范氏宗族，设立范氏义庄。

范仲淹设立的范氏义庄是一个面向范氏宗族的公益组织，用义庄上田地的出产做基金，给本宗族的穷人提供口粮、衣料、丧葬、科举等各项费用，保证本宗族成员的基本需求，让他们有饭吃，有学上，生可养，死可葬。

对于抚养自己成人的朱氏家族，范仲淹也怀有深情。尽管范仲淹母子后来离开了朱家，他仍然给朱姓继父请了封号，给朱氏家族买了几百亩田，赡养朱氏族人。

范仲淹把自己终生积蓄都捐给范氏和朱氏家族，那他给自己的儿孙留下了什么呢？范仲淹跟很多道德高尚、有远见的士大夫一样，给儿孙留下的是精神财富。

范仲淹给他的儿孙留了一篇家训。这篇家训用五言诗的方式写成，共二十句，一百字，故称"范文正公家训百字铭"。

　　孝道当竭力，忠勇表丹诚；兄弟互相助，慈悲无过境。
　　勤读圣贤书，尊师如重亲；礼义勿疏狂，逊让敦睦邻。
　　敬长与怀幼，怜恤孤寡贫；谦恭尚廉洁，绝戒骄傲情。
　　字纸莫乱废，须报五谷恩；作事循天理，博爱惜生灵。

　　　　处世行八德，修身率祖神；儿孙坚心守，成家种
　　善根。

　　范仲淹让他的儿孙讲究"孝道"，讲究"忠勇"，兄弟们互
相帮助，加强个人修养，不以物喜，不以己悲，多读圣贤书，
尊师重道，讲究"礼义"，不要轻狂，与邻居和睦相处。

　　尊敬长辈，关爱晚辈，怜悯抚恤孤寡贫困。做官以后要谦
恭，廉洁，不要骄横，傲慢。他还教育儿孙们要爱惜字纸，爱
惜粮食，爱惜生灵，不做伤天害理之事。

　　范仲淹跟儿孙们说："你们勿忘五伦八德，注重修身，种下
善因，自会有善果。"

　　范仲淹的儿子谨记他的教诲，个个成才。范仲淹的次子范
纯仁官至宰相，像父亲一样为官清廉，高风亮节，受到人们的
称赞。

玉不琢，不成器；人不学，不知道

——欧阳修《诲学说》

一

宋真宗景德四年（1007），绵州军事推官欧阳观老来得子，他给这个迟来的儿子取名欧阳修。

欧阳修还不到四岁，欧阳观就去世了。欧阳观是个清官，从不贪污受贿，还喜欢慷慨解囊招待朋友，他去世时，没有留下任何财产，其妻郑氏带着一双年幼的儿女无法生活，只好投奔欧阳修的叔叔欧阳晔。

欧阳晔与欧阳观同一年考中进士，欧阳观去世时，他正在随州任职。欧阳晔也是个清官，用微薄的薪水养着一大家人，日子也不宽裕。哥哥去世以后，他主动提出照顾嫂子和一对侄儿侄女。

郑氏跟欧阳晔一家一起生活了一段时间，便找了所房子，带着儿女搬了出去，亲自抚育欧阳修兄妹。

郑氏出身名门，是一位有文化、有见识的女性。她很崇敬她的丈夫欧阳观，欧阳观负责司法刑狱工作，他深知人命关天的道理，每天在烛光下拿着卷宗翻来覆去地看，唯恐遗漏任何细节，让好人蒙冤。每当判一个死刑犯，他心里总是很难过，但是想到自己已经尽力，对得起死者，也对得起自己的良心，又感到很欣慰。

欧阳观去世时，郑氏还年轻，北宋不禁止寡妇改嫁，她完全可以改嫁他人。但她深爱丈夫，不忍心丈夫的后代受坎坷，宁愿自己吃苦，也要把一双儿女抚养成人。

郑氏是一个有远见的母亲，她不只想把儿女抚养长大，还想让儿子接受教育，像丈夫一样考科举，做一个有良心、有正义感的官员。

为了实现这个目标，郑氏在欧阳修年幼时，就一边做家务，一边给欧阳修讲故事，教欧阳修吟诵唐、宋诗人的诗句。欧阳修到了该上学的年龄，郑氏没钱给儿子请先生，也买不起纸笔，她心里很着急。

有一天，郑氏发现她家房子附近一个池塘边上长着一片芦荻，芦荻秆又细又长又坚韧，她折了几根芦荻秆，在地上写了字，叫欧阳修过来认。欧阳修很喜欢这种寓教于乐的方式，很快认识了很多字。

欧阳修在随州生活十几年，当时的随州文化教育并不发达，但也有爱书之人。随州城南有个李员外，家中有很多藏书，对孩子的教育也很重视，欧阳修经常到他家玩，从他家借书看。

欧阳修从李家借到了一部《昌黎先生文集》，这部书打开了他的视野，他被韩愈的文风吸引，读得入了迷，欧阳修对古文的迷恋就是始于这次阅读。多年以后，欧阳修接过韩愈、柳宗元古文运动的大旗，成为宋代古文运动的领袖。

欧阳修十七岁参加科举考试，写的文章让人赞叹，只因不符合当时的文体要求而落榜。天圣八年（1030），二十四岁的欧阳修考中进士，初步实现了人生愿望。

二

欧阳修对学习有着深刻认知，他经常说：

> 玉不琢，不成器；人不学，不知道。然玉之为物，有不变之常德，虽不琢以为器，而犹不害为玉也。人之性，因物则迁，不学，则舍君子而为小人，可不念哉？

欧阳修认为，一个人与一块玉有相似之处，一块玉不雕琢，就不成器物，一个人不学习，就不明白道理。人与玉也有不相似之处，一块玉不雕琢，仍然是玉，不会是别的东西；一个人不学习，本来是君子之人，却会沦落为小人，这是很值得深思的。

西晋大臣周处就是"玉不琢，不成器"的例子，他早年不学无术，横行乡里，人们把它与南山的虎、长桥下的蛟并称"三害"。后来周处认识到他不能再这样混日子，想读书学习，可是他年龄已大，错过最佳学习时机，他心里很苦恼。周处去见陆机、陆云兄弟，向他俩请教。陆云说："古人云，朝闻道，夕死可矣。你现在下决心学习也不晚。"周处听了陆云的话，发愤读书，后来成为西晋有名的大臣。

欧阳修本人也是如此，他是一块质地很好的璞玉，要是没有家族的砥砺和父母、师长的雕琢，他也不会成为北宋著名大臣和文坛领袖。

庐陵欧阳家族是北宋文化名门，早在欧阳修成名之前，欧阳家族就有多人考中进士。欧阳修的父亲兄弟三人，两人考中进士。

欧阳修没能在庐陵成长，但是母亲和叔叔会给他讲庐陵欧阳家族的故事，欧阳家族对文化教育的重视和家族之人取得的辉煌成绩，无疑对欧阳修有强大激励作用。

欧阳修的父亲去世时，他还年幼，父亲虽然没有直接参与他的成长，但是通过母亲经常给他讲父亲生前的往事，间接塑造着他，父亲在他心中的伟岸形象，致使父亲潜移默化地深深影响着他。

欧阳修的叔叔欧阳晔在随州、鄂州从事司法工作几十年，经常跟权贵和黑恶势力抗争，他也在思想上也对欧阳修产生了正面影响。

对欧阳修影响最大的还是他的母亲郑氏。郑氏是我国古代"四大贤母"之一，她对儿子爱而不溺，严而有度，一步步引导着儿子实现人生目标。

欧阳修考中进士，做了官，步步升迁，郑氏成为受人尊重的太夫人，有条件享受安逸生活，但她仍然保持着节俭的习惯。她说："我的儿子性格耿直，不苟合于人，很可能仕途不顺，我生活节俭，就不会在降低生活标准时不适应。"

郑氏知道她的儿子欧阳修想做个好官，就会得罪人，她没有教儿子圆滑，而是做好陪儿子一起吃苦的打算。

欧阳修果然仕途不顺，他替范仲淹辩护，被贬官夷陵。欧阳修为母亲跟着自己颠沛流离而心中不安，郑氏却说："我们家本来就贫穷，我习惯这种生活了，你内心安逸，我就内心安逸。"

母亲的言传身教，让欧阳修时时鞭策自己，警醒自己。

很多才子忌妒别人，欧阳修却喜欢有才华之人，不怕他们超过自己。他发现并提拔了很多有才华的人。唐宋八大家，宋代占六位，除欧阳修本人之外，其余五人都出自欧阳修门下。

三

"玉不琢，不成器；人不学，不知道"，这样的例子还有很多。

孟子的母亲也是古代"四大贤母"之一。孟子幼年时，他家住在墓地附近，墓地里经常有人号哭着送别逝去的亲人。孟子觉得很有趣，经常学着送殡人的样子，顿足捶胸地痛哭。孟子的母亲心想：这地方不能住了，儿子学不到好东西。

孟子的母亲搬到另一个住处，这里离市场很近，市场上有屠夫杀猪卖羊，孟子觉得很好玩儿，回到家磨刀霍霍，要杀鸡杀狗。孟子的母亲一看心想：这地方也住不得了，儿子在这里也学不到好东西。

孟子的母亲把家搬到了学宫旁边，每到朔望之日，相关官员到学宫里跪拜行礼，揖让进退。孟子看着很有意思，也跟着学礼仪，有模有样。孟子的母亲看着孩子越来越好，欣慰地说："这是个好地方，以后就住这里了。"

一个刚出生的孩子是一张白纸，给他什么颜色的画笔，他就画出什么颜色的画来，什么也不教他，他就永远是白纸一张；又像一台刚出厂的手机，不给它装软件，它就什么功能也没有，给它装上什么软件，它就具备什么样的功能。

靖难之役之后，朱棣俘虏了建文帝的小儿子朱文圭。朱文圭年仅两岁，还不懂事，朱棣觉得没必要杀了他，又怕他长大以后对自己不利，于是下令把朱文圭幽禁在凤阳的广安宫。朱文圭不缺吃穿，只是哪里也不能去，每天坐在广安宫的高墙内望着天空。

这样的日子，朱文圭过了五十多年，直到明英宗继位，他的情况才得到改善。明英宗曾经被软禁在南宫，这段痛苦的经历让他非常同情被幽禁的朱文圭，他下令释放朱文圭，让他随便到宫外活动。五十七岁的朱文圭离开广安宫的高墙深院，来到了外面的大街上。

外面的世界很精彩，可是朱文圭站在街头上，像个傻子一样，驾车的马，拉车的牛，他一概不认识。

朱文圭智力上毫无问题，只是朱棣不允许往他接触任何知识（包括书本上的知识，也包括生活中的知识），让他丧失了学习的机会，他就长成了一个什么也不懂的人。

他在世上生活了五十多年，只有年龄空长，见识上没有丝毫提高，当五十多岁的他站到大街上时，像来到了另一个星球上，看上去愣头愣脑的。

三国时期的孙权劝他手下的大将吕蒙读书，吕蒙说："我很忙，没时间读书。"孙权说："你会比我还忙吗？我还抽时间读书呢！我也不是让你读经书，当博士，我只是让你读点书，增长一些见识。"吕蒙无话可说，只好读书。

过了段时间，鲁肃来见吕蒙，跟吕蒙闲聊，发现吕蒙的谈话很有深度，没有以前的武夫鲁莽之气，他夸吕蒙："你现在的才干和谋略，不是原来的吴下阿蒙了。"

吕蒙得意地说："士别三日，当刮目相看，你怎么现在才知道呢。"

吕蒙身为东吴大将，他的生活经验比平常人多很多，他仍然需要读书学习，我们本是平常人，更不能放松对自己的要求。

书是人类进步的阶梯，是前人经验的积累，它有着日常生活经验无法替代的优势。我们不论何时，身在何处，都要把自己当作一个汲水器，在知识的海洋里汲取营养。